# 突破思维定式

STEREOTYPE

『推开心理咨询室的门』编写组 编著



中国纺织出版社有限公司

# 内 容 提 要

如何保持思维创新，如何突破思维定式，直接关系到一个人的事业成败，因为思路决定出路，思维创新才能激活自己全身的能量。有效的创新会点燃人生火花，成为人们生存的梦想和手段。谁有创新思想，谁就会成为赢家；谁拒绝创新，谁就会平庸！从思维入手，你能找到改变自己人生命运的终极力量。

本书从“思维”这一角度出发，向我们重点剖析了各种影响命运的思维方式，以及成功者的实例和心灵感悟，内容通俗实用、可读性强，帮助我们提高解决各类问题的能力。如果你还在为如何开创成功的人生而苦恼，那么阅读本书会让你豁然开朗，明白成功的秘诀！

**图书在版编目（CIP）数据**

突破思维定式／“推开心理咨询室的门”编写组编著.--北京：中国纺织出版社有限公司，2024.6
ISBN 978-7-5229-1557-9

Ⅰ.①突…　Ⅱ.①推…　Ⅲ.①创造性思维—通俗读物
Ⅳ.①B804.4-49

中国国家版本馆CIP数据核字（2023）第055565号

责任编辑：张祎程　　责任校对：高　涵　　责任印制：储志伟

中国纺织出版社有限公司出版发行
地址：北京市朝阳区百子湾东里A407号楼　邮政编码：100124
销售电话：010—67004422　传真：010—87155801
http://www.c-textilep.com
中国纺织出版社天猫旗舰店
官方微博 http://weibo.com/2119887771
天津千鹤文化传播有限公司印刷　各地新华书店经销
2024年6月第1版第1次印刷
开本：880×1230　1/32　印张：7
字数：125千字　定价：49.80元

# 前言

现实生活中，每个人都想获得成功，因为成功意味着有良好的生活条件，意味着可以获得高的社会地位；人们也曾有各种各样的梦想，但并不是所有人都能实现。那么，为什么有些人能成功，有些人却与成功擦肩而过？对此，一些人可能会说，前者有个富爸爸、含着金钥匙出生、起点高，而后者之所以依旧贫穷，是因为起点低，没有资金，没有人脉。然而，我们可以发现的是，大部分的成功者，都是白手起家，都是从零开始创业的。也许还有人说，成功者是因为命运垂青，机缘巧合获得成功，失败者则是怀才不遇而已。这里，我们要说的是，天上不会掉馅饼，机遇是自己创造的，也是留给有准备的人的。那些成功者，他们都有着积极主动的心态，无论奋斗过程中遇到什么困难，他们从不熄灭内心的热情……

可以说，谁都不会随随便便成功，谁的成功也不是天上掉馅饼，成功者背后都有一套自己的方法，首先，他们都深知思维的力量，都知道思路决定出路的道理。事实上，社会生活中也是如此，那些有思想的人到哪都受欢迎，他们有着更巨大的发展潜力。有什么样的思路，就有什么样的命运，只要你敢于走不一样的路，你就会与众不同。

因此，生活中的每个人，如果你希望自己成为一个有所建树的人，那么，从现在起，你也要学会独立思考，做个有想法的人。想法虽然看不见、摸不到，但它却真实地存在着。

然而，部分安于现状的年轻人，他们的生活状态是这样的：他们总是守着自己的一亩三分地、做一天和尚撞一天钟、为生活所累、为每月定时发放的薪水而累、将精力耗费在如何精打细算过日子上，他们看似忙碌，却很少有成效，他们做事拖延、胆小、缺乏勇气、吃不了苦、目光短浅等。最终，他们只能庸庸碌碌地过一辈子。

所以，在我们羡慕那些成功者的时候，要学习他们的思维模式，他们的吃苦精神以及卓越的智慧等。

本书阐述的不只是各种成功的理念。它从实践的角度，讲述成功人士是如何运用思维的力量一步步攀登人生顶峰的。本书内容通俗实用、易于理解，相信能对广大年轻读者有所帮助。

编著者

2023年12月

# 目录

## 第03章

## 专注思考，精力集中使问题解决更为顺畅



## 第04章

## 逆向思维，逆势而行抓住机会实现突破

## 第07章

## 转换思维，换个角度思考让一切焕然一新



## 第08章

## 厚积薄发，提升思维的深度与广度

## 第09章

## 开拓思维，想在人前者才能成为行动的先驱



## 第10章

## 变通思维，以变化自己为途径通向成功

# 第01章

# 千思万虑，思考面越广成功的可能性越大

## 集思广益，将众人的智慧集合起来

我们在处理比较复杂棘手的问题时，一定要深思熟虑，但一个人的思路毕竟有局限，不妨听听来自各方面的意见，综合判断，从而得出正确结论，这对于成功是大有裨益的。

一般来说，许多事物都具有复杂的结构和多种多样的属性，因而解决问题的方法也应是多种多样的。在众多解决问题的方法中，必定存在一种是最佳的方案（该种方法常常是多种方法的组合）。

凭借自己的想象力，也许可以获得一定的财富，但如果你能让自己的想象力与他人的想象力结合，定然会产生更大的成就。我们每个人的心智都是一个独立的能量体，而我们的潜意识则是一种磁体，当你去行动时，你的磁力就产生了，并将财富吸引过来。但如果你一个人的心灵力量与更多“磁力”相同的人结合在一起，就可以形成一个强大的“磁力场”，而这个磁力场的力量将会是无与伦比的。

20世纪60年代初，我国某企业进口了一台机器。这台机器里有一个由100根弯管组成的密封部分，要弄清其中每一根弯管各自的入口与出口，是一件相当困难和麻烦的事。在既没有图纸说明也没有资料可查的情况下，他们向召集来的科技人员提出了这样的要求：完成这一重要任务，时间既不能拖得太久，钱又不能花太多，希望大家广开思路，从多方面去想，一定要想出一个简便易行的有效办法来。参与此事的科技人员纷纷开动脑筋，老张说：“想省钱，要不试试灌水？”小李说：“好办法！但可能会损坏机器……”老王接话茬：“那用烟不就得了！”

汇集所有人的想法后最终得到的方案是：点燃香烟，一个人大大地吸上一口，然后对着一根管子往里吐。吐的时候在这根管子的入口处写上“1”。这时，让另一个人站在管子的另一头，见烟从哪一根管子的出口冒出来，便在出口处也写上“1”。其他的那些管子也都照此办理。采用这样的办法，不到两小时便把100根弯管的入口和出口全都弄清了。这个巧妙的办法，是大家集思广益才获得的。

一个科学的新方案的产生，一般都不可能一蹴而就。在创造性思考的前期，必须先通过多方位思考，尽可能地利用各种重要信息，力求得出更多设想，通过从中筛选和再加工得出高质量、高水平的新方案。这种集思广益的思维方法能填补个人头脑中的知识空隙，通过互相激励、互相诱发产生连锁反应，扩大和增加创造性设想，已广泛应用于当代企业，如一些欧美财团采用群体思考法提出的方案数量，比单人提出的方案多700倍。

世间万事万物都是相互联系的，人们掌握的知识也是多门类、多学科的，因此，我们的思维不能仅仅局限于传统习惯，更不必死守一个点。单兵作战毕竟力量太单薄，合力作战，威力就强大了许多。2008年奥运吉祥物“福娃”的创作，就是专家们利用发散思维进行的最全面、最经典、最成功的实例。

北京奥运会吉祥物从2004年8月5日开始在全世界征集作品，2004年12月15日，由24名在艺术、文化领域具有杰出成就的专家学者，对662件吉祥物有效参赛作品进行了评选。17日，由10名中外专家组成的推荐评选委员会，对进入推荐评选阶段的56件作品进行了审阅和评议。大熊猫、老虎、龙、孙悟空、拨浪鼓以及阿福共6件作品被定为吉祥物的修改方向。在集思广益的基础上，由推荐评选委员会推荐成立的修改创作小组的组长、著名艺术家韩美林执笔，最终完成了吉祥物的初步设计方案。

次年“五一”期间，韩美林根据各方提出的修改意见，对“中国娃”方案做了进一步的修改和完善，提出了以北京传统风筝“京燕”造型代替“龙”造型的修改方案。在表现手法上，将申奥会徽毛笔的笔触和奥运会会徽中国印的感觉相结合，大胆地采用中国传统水墨画的手绘技法，重新勾画了五个福娃的形象，突出了吉祥物生动活泼的性格特质，在整体形象的艺术表现方面有了重大的突破。至此，北京奥运会吉祥物形象定位基本完成。

对待难题的思考，前期进行思维发散，后期进行思维集中，这是必要的两个阶段。也就是要先运用思维发散，提出大量的设想，然后再运用集中思维，对提出来的这些设想进行筛选审查和提炼加工，选出最佳方案。通过发散思维所得到的种种设想，它们的量的多少与质的优劣，直接关系着整个创新思维与实践过程的成败。

## • 思维破局 •

每个人都有自己优势的一面，都有自己的智慧和经验，能把大家的经验聚在一起，就形成了智慧的海洋。我们在处理比较复杂棘手的问题时，一定要深思熟虑，博采众议，多听听来自各方面的意见，权衡利弊，综合判断，从而得出正确结论。集思广益，广泛地听取别人的意见，对于成功是大有裨益的。

## 从平面到立体，世界大不同

在科学研究领域，许多问题的解决方案是无穷无尽的，只有大胆地打开思路，从不同的视角入手，创造多种方案，才能产生新主意、新发明、新创造。发散思维是指人在思考问题时，思维会以某一点为中心，沿着不同的方向、不同的角度，向外扩散的一种思维方式。它犹如早晨的太阳，向四面八方放射出无数光芒。

发散思维是一种立体化的思维，它散发出的思维光芒既无确定的方向，也无确定的范围，既不受现有的思维束缚，也不受已有的知识限制，因此，它是一种完全开放型的思维。

有人曾对一群学生做过一个测试，请他们在五分钟之内说出红砖的用途，结果他们的回答是："盖房子、建教室、造烟囱、铺路面、盖仓库……"尽管他们说出了砖头的多种用途，但始终没有离开建筑材料这一大类。其实，我们只需从多个角度来考察红砖，便会举出如压纸、砸钉子、打狗、支书架、锻炼身体、垫桌脚、画线、做红标志，甚至磨红粉等诸多其他用途。这种尽可能从多角度观察同一个问题，不受任何限制的思维方式就是发散思维。

在科学研究领域，许多问题的方案是无穷无尽的，只有大胆打开思路，从各种视角入手，将被考察的对象放在更广阔的背景中，海阔天空地联想，努力追求多种答案，才能产生新主意、新发明、新创造。

有这样一个思维测试题：在一座山上种四棵树，怎样使它们之间的距离都相等？结果受测试的同学左思右想也想不出好办法。答案原来是将其中的一棵种在山顶上。这些学生之所以难以找到最佳答案，原因就在于他们平时习惯于平面思维，而不会使用立体扩散方法。

立体扩散方法，也叫整体扩散方法或空间扩散方法，是指对认识对象从多角度、多方位、多层次、多学科、多手段进行考察研究，力图真实地反映认识对象的整体以及这个整体和其他周围事物构成的立体画面的思维方式。立体扩散方法反映的不是个别现象，而是一个有机的整体，它是发散思维的一种重要方法。

据说爱因斯坦在工作之余很喜欢与他的儿子一起嬉戏。有一次，他的儿子突然问他："爸爸，你是不是很聪明？"爱因斯坦感到很奇怪，便反问儿子："你怎么想到问这个问题？"儿子说："我们的老师说你是世界上最伟大的科学家，只有你发现了相对论，如果你不是比别人聪明的话，为什么别人没有发现相对论？"爱因斯坦笑着说："不是我比别人聪明，只是因为我善于使用立体思维来观察问题，这就像一只甲虫在一个篮球上爬行，由于它看到的世界都是扁平的，所以它永远也不会知道自己是在一个立体的球体上爬行。而如果飞来一只蜜蜂，它一眼就会看出甲虫是在一个立体的球体上爬行，因为蜜蜂的视觉是立体的，这对它来说是轻而易举的事情。而你爸爸就像这只蜜蜂，所以我发现了相对论。”

一个人的立体思维能力越强，就越能表现出高人一筹的智慧。由于立体扩散思维运用了不同层次的思维形式和方法，有利于对事物进行多层次、多方位的研究，因而灵活地运用立体思维就能像爱因斯坦那样迸发出许多新颖的构想。例如，现代大都市的交通就是立体思维的产物：地铁在地下飞速行驶，大大减少了地面上的人流量；一层又一层的高架道路大幅度提高了汽车的行驶速度，减轻了地面上车流量的压力；行人在人行天桥上各行其道；火车在立交桥下顺利通过等，这一切充分展示了人类的创造性智慧。

## • 思维破局 •

人们常常生活在自己的习惯里，用习惯的眼光看问题，用习惯的思路想问题。因此，眼光往往受到限制、约束，思路变得狭窄，无法发现生活的真谛和创业智慧。这时候，一个小小的改变，可能会带来意想不到的效果。

# 聚沙成塔，思考问题的角度多多益善

一个高明的新设想的产生，往往是从大量的新设想中综合提炼而来的。没有量的积累，就没有质的飞跃。摸索的方向越广、范围越大，最终成功的可能性就越大。发散思维是空间拓展思维，它要求空间上的拓展，即对问题进行多方位、多角度、多层次的思考，也就是突破点、线、面的限制，从多种角度来探索问题。发散思维又是时间延伸思维，要求对问题进行时间上延伸，即从现在、过去和未来三个时态进行思索，要突破眼前的限制，从历史或未来的角度思索问题。辐射发散的思考方式要求我们在寻求解决问题的答案时，要多方位地思考，像太阳那样由问题点向外做全方位辐射。

不断地提出新设想，是思维发散过程中的一种“链式反应”。这就是说一连串的设想往往会一个比一个质量更高。因此我们才会说没有量的积累，就没有质的飞跃。在不断思考和提出众多新设想的过程中，人们头脑中的潜在思维会被激发和调动起来，从而积极配合思维进行创造性思考。这对高质量的新设想的产生，有很重要的作用。

爱迪生是世界上公认的人类有史以来最伟大的发明家，他一生发明之多，世上无人能与之相比。爱迪生善于发明的秘诀是什么呢？秘诀就是他对科学孜孜不倦的追求精神以及能正确运用发散思维。

爱迪生在发明电灯泡时，碰到的难题是用什么材料作灯丝。面对这样的难题，既没有什么经验可借鉴，也不可能从书上找到答案，只能不断地摸索、尝试。为了解决这个问题，他尽可能地进行发散思考，凡是能想到的材料，几乎都试过了。其中试用过1600多种耐热材料，6000多种植物纤维，甚至连头发丝都试过了，最终找到了比较实用的灯丝材料，提高了电灯泡的使用寿命，使电灯泡更具实用价值。

发散思维把不可能的事变成了可能，使人们对“一切成功都是由思维方式决定的”这一成功规律有了更深刻的认识。很多从常规思维角度去思考认为是办不到或不可能实现的事情，从发散思维角度去思考，往往就能办成，这就是发散思维的神奇之处。

著名的创新学研究者何名申在他所著的《创新思维修炼》一书中做过如下论述：如果只有一个设想就没有比较的余地，就难以判断这个设想的优劣，也无从考究它是不是一个高质量的设想。解决复杂问题，如果不局限于一个设想，而力图充分扩展思维空间，尽可能提出更多的设想，那么，思考的范围会越来越大，解决问题的触角也会越来越多。这对于高质量的新设想的产生，是一种必要的前提和基础。

20世纪，美国在发射载人宇宙飞船时遇到一个技术难题，即如何保证宇宙飞船安全返回地球。宇宙飞船以大约每秒5英里的速度从太空返回时，会与大气层发生剧烈摩擦，这很有可能会让飞船上的大部分材料完全汽化，宇航员也无法幸免。当初，美国国家航空航天局认为问题的关键在于找到一个可以抵挡3500摄氏度超高温的材料，这是一种明确的答案预想。为了找到这样一种材料，美国国家航空航天局花了不少钱，但最后还是毫无收获。

当时很多人认为，既然整个地球上都找不到这样的东西，看来这个事情真的办不成了。但是，后来事情有了戏剧性的转变，原来科研人员放弃了找耐超高温材料的单一思路，用陶瓷制造了一种可磨削隔热罩，使宇宙飞船在重返大气层的过程中，让陶瓷制品逐步燃烧。在它汽化时，宇宙飞船后面的那条气带也带走了飞船和宇航员周围的热量。这个解决问题的最终方案与最初的设想完全不同。该方案虽然达不到在超高温下宇宙飞船的某些材料不被汽化的条件，但是它通过飞船材料的局部汽化带走热量的方式，解决了确保整个飞船和宇航员不陷入高热状态且安全返回的核心问题。

发散思维为发明创造者开辟了一条广阔的道路。它让人们多了一件使成功如愿以偿的有力武器。发明创造没有现成的路可走，有很多发明创造是靠全方位、多角度、多层次思考，才最终找到解决问题的办法的。如果我们囿于一种思路、一种角度，发明创造是根本不可能实现的。

**• 思维破局 •**

发明创造的过程，就像一个人要在一间大黑屋里找一根针一样，在事先毫无所知而又看不见的情况下，只能向各个方向摸索。摸索的方向越广、范围越大，最终找到针的可能性就越大。正如美国心理学家吉尔福特所说的那样，“正是在发散思维中，我们看到了创造性思维最明显的标志”。

## 出其不意，新奇思维收获意外惊喜

思维的独特性是以独立思考、大胆怀疑为前提的，能以前所未有的新角度、新观点去认识事物。思维越独特，往往就越能收获到意想不到的惊喜。发散思维又称求异思维、辐射思维，它是从一个目标或思维出发，沿着不同方向，提出各种设想，寻找各种途径，解决具体问题的思维方法。不少心理学家认为，发散思维是创造性思维最主要的特点，是测定创造力的主要标志之一。

发散思维的概念，是美国心理学家吉尔福特在1950年以《创造力》为题的演讲中首先提出的，50多年来，这一观点引起了人们的普遍重视，促进了创造性思维的研究工作的发展。

发散思维是人类最基本的一种思维形式，其他一些思维形式，例如联想思维、创意思维、颠倒思维等，都是发散思维的一种变形，或者是由其派生出来的。因此，对发散思维了解得越透彻，对其他的思维方式就会理解得越深刻。

在一段长达1000公里的电话线上，积满了雪，严重影响了电话通信的正常进行。为了清除积雪，有关部门向社会各界紧急征求方案。许多专家和相关人员纷纷提出了不少建议。然而这些建议都不能令人满意：有的做法复杂烦琐，有的耗时过长，有的花钱太多。无奈之下，有关部门进行了公开报道希望能征集更多、更好的建议。结果一位飞行员提出一个方案：驾驶直升机沿电话线上空飞行，飞机强大的气流可以清除电话线上的积雪。这一方案最后被采纳实施，效果又快又好。

发散思维的独特性，又称新颖性、求异性，是指“与别人看到同样的东西却能想出不同的方法”。思维的独特性是以独立思考、大胆怀疑、不盲从、不迷信权威为前提的，能超越固定的、习惯的认知方式，以前所未有的新角度、新观点去认识事物，提出超乎寻常的新观念。

事实证明，发散思维的能量是巨大的，它能激发出全新的创意，让那些看来毫无希望、在常规思路下根本办不成的事情的前景突然变得光明起来。

华若德克是美国实业界大名鼎鼎的人物。在他未成名时，有一次，他带领属下参加在休斯敦举行的美国商品展销会，令他感到懊恼的是，他被分配到一个极为偏僻的角落。为此，他的设计师劝他干脆放弃这个摊位，可华若德克觉得自己若放弃这次机会实在是太可惜，而改变这种不利情况需要一种出奇制胜的策略，可是怎样才能出奇制胜呢？他陷入了深深的思考——终于，一个计划产生了。

华若德克想到当地人都对熟悉的事物司空见惯，面对神秘的其他文明则充满好奇，于是他带领团队围绕着摊位布满具有浓郁的非洲风情的装饰物，把摊位前的那一条荒凉的大路变成了黄澄澄的沙漠，他安排雇来的人穿上非洲人的服装，并且特地雇用动物园的双峰骆驼来运输货物，此外还派人订做大批气球，准备在展销会上用。华若德克特意关照员工，在展销会开幕之前，任何人不能透露半点风声。还没有到开幕式，这个与众不同的装饰就引起了人们的好奇，不少媒体都报道了这一新颖的设计，市民们都盼望着开幕式尽快到来，好一睹为快。

展销会开幕那天，华若德克挥了挥手，展览厅里顿时升起了无数的彩色气球，气球升空不久自行爆炸，落下无数的胶片，上面写着："亲爱的女士和先生，当你拾起这小小的胶片时，你的运气就开始了，我们衷心祝贺你。请到华若德克的摊位，接受来自遥远非洲的礼物。"

这无数的碎片洒落在热闹的人群中，消息越传越广，于是人们纷纷集聚到这个本来无人问津的摊位前，这里人山人海，生意异常兴隆，而那些黄金地段的摊位反而遭到了人们的冷落。

由于任何事物都有许多不同的方面，不同事物间也总是存在着一定的联系，而且发散思维具有发散性、多维性、求异性、想象性和灵活性等特点，因此发散思维在创造发明过程中起着十分重要的作用。它能够使人们摆脱思维定式的束缚，在思考问题时不拘一格，不落俗套，充分发挥大脑的想象力。这时，通过新知识、新观念的重新组合，往往就能产生更多、更新的答案、设想或解决问题的方法。

• 思维破局 •

发散思维在创新过程中扮演着极其重要的角色，在科学研究中，如果能灵活地运用发散性思维，用非常的眼光去考察大家所熟悉的事物，那么往往会从“同”中见“异”，从“寻常”中挖出“新意”。

## 联想越丰富，越能获得成功

有一种说法：“如果大风刮起来，木桶店就会赚钱。”这两者是怎么联想起来的呢？原来它经历了下面的思维过程：

当大风刮起来的时候，砂石就会漫天飞舞，这会导致盲人的增加，从而琵琶师父也会增多，越来越多的人会以猫的毛代替琵琶弦，因而猫会减少，结果老鼠的数量就会大大增加，由于老鼠会咬破木桶，所以做木桶的店就会赚钱了。

上面的每段联想都十分合理，然而获得的结论却大大出乎人们的意料， 这就是运用联想思维的结果。联想是从一种事物的表象推及另一事物的结果的思维过程。两者以某种相似性为中介，为新事物、新观点的形成进行必要的沟通联系。

历史上曾有两支军队相遇，因为不清楚对方的兵力、火力部署，双方都不敢贸然开战。一天，双方对峙区域突降大雪，A军炮兵司令注视着刚走进掩体里的参谋长，见他双肩上的雪花在室内的暖气中开始融化，并清晰地勾画出肩章的轮廓。他突然联想到：随着天气转暖，敌军掩体内的积雪也将融化。为了避免泥泞，他们必然要清除掩体内的积雪，从这便可以看出其兵力部署。

于是司令员立即命令部下对B军阵地进行连续侦察和航空摄像。结果只用了3个多小时，就从敌军前沿阵地积雪出现湿土的变化中，推断出敌人的兵力部署，从而调整了进攻力量，一举突破了敌军防线。

要想获得一项创新成果，往往需要对事物进行联想。在这一点上联想越多，成功的概率就越大。联想思维是形象思维的一种，并同形象思维一样，都以表象和意象作为最基本的元素和手段。联想思维可以由眼前的某个事物形象想到记忆中的另一个事物形象；也可以由记忆中的某个事物形象想到现在的另一个事物形象。思考者既能通过某一事物形象的激发而联想到另外的事物形象，也可以由受到某一抽象概念的激发而联想到另外的事物形象。要联想较多的事物就需要拓宽联想的视野，联想的视野越宽，产生创造性的可能空间就越大。一个人观察事物的角度、方法、条件和这个人的知识面对其联想视野会产生很大的影响。所以要拓宽联想视野，就需要不断调整观察事物的角度，创造出多种条件、运用各种条件提高观察的深度和准度。

盛大的奥林匹克运动会，到第23届（1984年）似乎到了无法再办下去的境地。但令人惊奇的是这届奥运会不但没有负债，而且还盈利2亿多美元。尤伯罗斯在回答记者问题时这样解释他的成功：主要归功于1975年他在美国佛罗里达州听了英国专家德·波诺博士关于创造性思考方法的演讲，学到了德·波诺博士传授的水平思考法。

尤伯罗斯清楚地看到奥运会本身所具有的价值，决定把私营企业赞助作为经费的重要来源。他规定，本届奥运会正式赞助商只能有30家，每个行业一家，谁给的赞助多，谁就入选“唯一指定用品”。为争得这仅有的30个赞助席位，商家们都争破了头。结果，30家赞助商共赞助了3.85亿美元，而1980年莫斯科奥运会有381家赞助商，总共获得的赞助仅900万美元。

收入最高的莫过于电视转播权的拍卖。为了得到这一全球瞩目的盛事的美国独家转播权，美国三大电视网展开了激烈的竞争。最后，美国的ABC广播公司以2.25亿美元竞得了电视转播权。奥运会结束后，尤伯罗斯给世人提供了一份惊人的账单：承办奥运会共耗费5.1亿美元，盈利2.5亿美元；洛杉矶的旅馆、饭店、商店等服务机构的额外收入高达35亿美元。

尤伯罗斯由一次演讲联想到奥运会举办，最终取得了成功，被公认为是世界奥林匹克运动会的一大功臣。联想发散思维的实质就是要不拘一格，提供新思路、新思想、新概念、新办法。所以，它是一种极为有效的创新思维方式。

联想是无限的，不受时间和空间的限制，人们可以展开想象的翅膀，通过对历史资料的分析展现过去，又可凭借无限的想象力，认识未来，展现未来事物的形象。联想越超脱、越大胆，就越新颖别致，越富有创新价值。

## • 思维破局 •

德国著名诗人歌德说："有想象力而没有鉴别力是世界上最可怕的事。"人的想象既要摆脱和冲破逻辑推理的束缚而展翅高飞，又要借助于严密的逻辑推理，对想象的产物进行审核筛选和加工制作，这样才能使其得以开花结果。

## 放弃单一思维，打开多重局面

由于受传统习俗、社会风气等影响，一个人甚至一个国家和民族都容易形成单向的思维定式。思维定式是一种“先入为主”“以偏概全”的思维模式，它把多种多样、不断发展变化的世界纳入一个固定的思维模式之中，很容易陷入主观主义与形而上学的泥潭。法国哲学家拉康作了一个比喻：以单向思维去看世界，正如一位医生用事先开好的药方去对付各种不同疾病的患者。又怎么能药到病除呢？发散性思维要求人们多视角、全方位、开放性地思考问题。在当代科学发展出现许多边缘科学，以及学科之间相互联系、相互渗透越来越紧密的情况下，倡导发散性思维显得尤为重要。

人一旦陷入思维定式的框框里，脑子就会僵化，这是很可怕的。但是，一个人一旦懂得运用发散思维，很多问题就能迎刃而解。发散思维实际上就是一种“拥抱多样”的思维。发散使我们的心灵更加开放，使我们的思维更加开阔，使我们的选择更加多样。显然，如果人们知道了发散思维的重要作用和它的运用技巧，也就知道了在追求成功时应该怎样去思考问题。

曾经有家纺纱厂，在生产中遇到一个难题，即合成每根纱的5根线粗细总是纺不均匀，技术人员想尽办法也解决不了这个难题，大量次品直接影响了公司的效益。这时，有个生产班长建议，既然5根线纺不均匀，何不索性生产一种表面粗糙的面料，给一贯追求光滑闪亮衣服的顾客来个惊喜呢？公司采纳了他的建议，并做了相应的营销推广，结果这种表面粗糙的新型面料一经投放市场，就大受顾客欢迎。

思路一变，不仅解决了单向思维难以解决的问题，而且使次品摇身一变成为畅销品，可谓化腐朽为神奇。因此，看事物不能局限于固有的思维，而要跳出思维的框框，多角度、多方位地去观察，从常规中求新意。对一个问题，我们可以通过组合、分解、求同、求异等方法，让思路拓宽，从而创造出一种更新、更好的事物或产品。

我们在工作实践中常常会碰到这样的情形，当一件事情、一个难题走入绝境，用一种思维方式无法解决时，换一种思维方式，往往能找到新的切入点，使问题迎刃而解。所以，掌握和运用好科学的思维方式，努力改变单一的思维习惯，往往会给工作和生活创造有利条件。

1952年，受经济下滑的影响，日本东芝电器公司积压了大量的电风扇销售不出去，为此，公司的有关人员仍旧沿用以往以及同行的思路——不断革新技术，但销量还是不见起色。看到这个情况，公司的一个基层小职员也努力地想办法，几乎到了废寝忘食的程度。一天，小职员看到街道上有很多小孩子拿着五颜六色的小风车在玩，头脑里突然想到：为什么不把风扇的颜色改变一下呢？这样既受年轻人和小孩子的喜欢，也让成年人觉得彩色的电扇能为屋里增光添彩啊。想到这里，小职员急忙跑回公司向总经理提出了建议，公司听了这个建议后非常重视，特地召开了大会仔细研究并采纳了小职员的建议。

第二年夏天，东芝公司隆重推出了一系列彩色电风扇，一改当时市场上一律黑色的面孔。深受人们的喜爱，还掀起了抢购狂潮，短时间内就卖出了几十万台，公司很快摆脱了困境。这位小职员因此获得了公司2%的股份，同时也成了公司里最受大家欢迎的职员。

小员工放弃技术革新的单一思维，转而投向外观改变，挽救了公司，也成就了自己。

在瞬息万变的社会中，如果一味地恪守固有的经验和思维模式，很容易把人的思路引入歧途，也会给生活与事业带来消极影响。世间万物千奇百怪，变幻莫测，固定、单一的思维模式已不足以应对复杂多变的世事。在做事的时候，需要把合理想象与创造性思维相结合，才能事半功倍。一成不变的思维方式，只会让你故步自封，毫无创新，同时也让你的生活如一潭死水，毫无生气。要改变这种思维定式，需要我们改变观念，也就是不断学习新知识，并随着形势的发展不断调整、改变自己的行动。

**• 思维破局 •**

不善于改变思维，就根本不可能找到成功的路径。因为思维是改变自己的内在基础，只有积极思考，勇于变通，你才可能实现自己的人生目标。同时，抛开思维的固有模式，我们可以获得更多。

## 大胆整合，将旧想法组合形成新思路

当你对市场有了了解后，你会发现现在的产品只要稍作更改，就可以令消费者耳目一新，从这个角度来看，许多善于创新的人不是比较会发明，而是比较会重新组合。组合发散思维方法是指通过此事物与彼事物的有机组合，或多种事物间的有机组合，从而产生新的事物、新的功效的一种思考方法，这是创新的一条重要途径。

橡皮头铅笔是美国人李浦曼将铅笔与橡皮组合起来发明的。李浦曼是个穷画家，虽然他非常用功，但技艺不高，又苦于没有名师指点，所以一直没有成名。李浦曼经常在凌乱的工作室中画素描。有一次，李浦曼要修改他的素描，好不容易找到了一块橡皮，用完后，却发现铅笔也不见了，这使他十分恼火，于是便用丝线将橡皮系在铅笔上，继续作画，这样用起来就方便多了。可是没用几下，橡皮就掉了下来。这样掉了几次后，李浦曼的牛脾气就上来了，他索性连画也不画了，专门想办法来固定铅笔上的橡皮。最后，李浦曼终于想出了用薄铁皮将橡皮固定在铅笔尾部的好办法，这就是我们今天仍在使用的带橡皮的铅笔。接着，李浦曼又将这一小发明申请了专利。著名的RABAR铅笔公司知道了李浦曼的发明后，十分感兴趣，用55万美元买下了这一专利。李浦曼也由一个穷画家变成了大富翁。

这个小故事提示我们：几种产品的组合有时能产生奇妙的效果，诞生新的产品。这种组合方式就是组合发散法的基本内容。有一种观点可以给我们有益的启示，这种观点认为，世界上没有创新的事物，只有创新的组合。领带或服装的颜色其实就是那么几种色调，但成功的设计师总是擅长将图案的形状、位置、大小、色调加以变化或重组，实现变化无穷、永无止境的创新。只要发挥你的发散思维能力，在原有事物的基础上稍加创新，就能获得一个全新的、不一样的事物。

美国阿波罗登月计划，是一项极其浩大的工程，该计划历时约11年，耗资255亿美元，参与研究的有200多所大学，2万多家大、中、小型公司和科研机构，总共投入了30多万名科技人员。然而，阿波罗计划的负责人却直言不讳地说："阿波罗宇宙飞船的技术没有一项是新的突破，都是现有的技术，问题的关键在于能否把它们精确无误地组合在一起。”

是的，不善于思考的人很难发现两个毫不相干的事物之间有什么联系或相似点，但你要知道，人的大脑蕴藏着巨大的力量，它有能力克服两个事物之间的差距并将它们联系起来，从而指导你发现某些事物的相同因素或一些内在联系，揭示事物的本质。

在日常生活中，运用组合扩散法做出发明的例子还有很多。例如，美国加利福尼亚州的一位青年人开了家小工厂，将小温度计与汤匙组合，推出了一种名叫“温度匙”的产品。由于使用这种温度匙能够看出汤匙里液体的温度，因此大受喂养婴儿的母亲们的欢迎。再如，日本的一位理发师设计了一种由推剪和小吸尘器两部分组合而成的新型理发工具。经这一组合，剪下来的头发立即就会被吸尘器吸走，头发不会乱飞，理发时不用围布也没关系，顾客的舒适度显著提升……

总之，组合扩散法在创新活动中的作用越来越大，有人统计了自1900年以来的480项重大创新成果后发现，20世纪30 ~ 40年代的创新成果是以突破型为主、组合型为次的；50 ~ 60年代，两者大体相当；80年代，突破型成果渐趋于次要，而组合型成果则开始占主导。这一情况说明组合扩散法已成为当前创造发明的一个重要方法。这正应了戈登·德莱顿的一句话：一个想法是旧成分的新组合，没有新的成分，只有新的组合。

## • 思维破局 •

贝弗里奇在他的《科学研究的艺术》一书中提到："独创性在于发现两个或两个以上的研究对象或设想之间的联系及相似点，而原来以为这些对象或设想彼此没有关系。"

# 第02章

# 超前思维，具有前瞻意识能实现捷足先登

## 见微知著，把握事物发展的方向

成功者总能从平常小事上敏锐地发现新生事物的苗头，并且深究下去。见微知著必须独具慧眼，就是用眼睛看的同时，也要配合敏捷的思维。只有看到别人看不见的事物，才能做到别人做不到的事情。远见是成功者必备的素质之一，每一个渴望成功的人都要有自己的远见。不管有什么问题、困难和障碍，只要坚持不懈地努力，就能实现自己的梦想。

“凡事预则立，不预则废”，只有“干着今天，想着明天”，积极进行预测，才能不错失那些转瞬即逝的机会，达到既定的目标。说到这里，就不得不提这样一个例子。

大庆油田是我国20世纪60年代勘探、开发的大油田，当时，绝大多数的中国人还不知道大庆在哪里，但已有日本人对大庆油田了如指掌。为何他们对我国的油田了如指掌呢？这里有一个重要的原因，就是他们善于分析。

日本人首先从《中国画报》刊登的“铁人”王进喜的大幅照片上，推断出大庆油田在东北三省偏北处，因为照片上的王进喜身穿大棉袄，背景是遍地积雪，而这雪景只有在东北三省才会出现。接着，他们又从另一幅肩扛人推的照片中推断出油田离铁路沿线不远。然后，他们从《人民中国》杂志上的一篇报道中看到一段话，王进喜到了马家窑，说了一声："好大的油海啊，我们要把中国石油落后的帽子扔到太平洋里去！"据此，日本人又根据透露的地址，判断出大庆油田的中心就在马家窑。

大庆油田什么时候产油了呢？日本人判断为1964年，因为王进喜在这一年参加了全国人民代表大会，如果不出油，王进喜是不会当选为人大代表的。日本人还准确地推算出大庆油田钻井的直径大小和大庆油田的产量，依据是《中国画报》一幅钻塔的照片和《人民日报》刊登的政府工作报告。把当时公布的全国石油产量减去原来的石油产量，简单之至，连小学生都能算出来——日本人推算出大庆的石油产量为3000万吨，与大庆油田的实际年产量几乎一致。

有了如此多的准确情报，日本人迅速设计出适合大庆油田开采用的设备。当我国政府向世界各国征集开采大庆油田的设计方案时，日本人一举中标。

一个人要想取得成功，不但要透过现象看到本质，还应该别具慧眼，看到别人所看不到的东西。就像鲁迅先生所说的，"从字缝里看出字来""于无声处听惊雷"。要想达到既定的目标，除了有的放矢地研究各种信息外，还必须掌握市场变化的规律，调查顾客的购买心理，以及竞争对手等情况。事实证明，凡积极进行预测的人，都能有效地抓住机会。利用“预见”创业，投资者首先要做到洞察先机，就像下棋至少看三步。当事情在萌芽状态或者还未有征兆时，只要能从中窥破商机，预知其走势和结果，便能抓住商机，创业成功。

世局在变，地球仪的版本也在变，过去平均每两年才变一次版本的地球仪，已无法追上世界局势的变化。在变化莫测的世局中，谁能先一步出版有纪念价值的地球仪版本，谁就能赚大钱。在这方面，有个名叫渡边的日本人做得非常漂亮。他原本是位铅笔制造商，出版地球仪纯属半路出家。随着东欧风云的变幻，当他看到柏林墙被推倒时，忽然产生了灵感，抢先出版了东西德统一后的新版地球仪，投放市场后，几天工夫就被抢购一空，令美国一家大名鼎鼎的专业生产地球仪的公司瞠目结舌，他也因此赚到一大笔“潮头”钱。

古往今来，凡成大事者，必有远见。如果你有远见，那么你实现目标的机会就会大大增加。美国商界有句名言：“愚者赚今朝，智者赚明天。”一切成功的企业家，每天必定用80%的时间考虑明天，20%的时间用于处理日常事务。着眼于明天，不失时机地改进旧产品、发掘新产品，满足消费者新的需求，就会独占鳌头，形成“风景这边独好”的佳境。

**• 思维破局 •**

远见会给你带来巨大的利益，会为你打开机会之门，会挖掘你人生发展的潜力，一个人越有远见，他就越有潜能。一方面，远见会赋予你成就感，赋予你乐趣。当那些小小的成绩为更大的目标服务时，每一项小任务都会成为一幅宏大的图画的重要组成部分。另一方面，远见会给你的工作增添价值。哪怕是最单调的工作也会给你满足感，因为你看到更大的目标正在实现。

## 高瞻远瞩，站得高方可看更远

要想取得成功，就必须有独到的眼光，而眼光之高远又基于见识之不凡。一个人的智慧水平与他的经历、站位是有直接关系的，同时，一个人的见识又直接影响其做事的方法和门道。世界是光怪陆离的，社会是纷繁复杂的，一个人要想在社会上成就一番大事业，就必须有独到的眼光和不凡的见识。

俗话说“远见卓识”“站得高，看得远”。这都充分说明了见识的重要性，也说明一个人的成功与其见识的高低是分不开的。

船王包玉刚进入航运业的时间是1955年，当时他用20多万元买了一条风吹浪打28年的旧船——“金安号”。这一惊人之举遭到了几乎所有亲友的强烈反对，因为航运业不仅需要庞大的资金，而且风险极大。但是，包玉刚力排众议，毅然投身航运业。因为他看到了中国香港航运的巨大潜力。

中国香港有天然的深水泊位和充足的码头，而且其平静的海面，为国际贸易提供了可靠的大门。第二次世界大战之后，世界经济复苏，各地的贸易往来增多。“航运是最廉价的一种运输方式，必将大有作为。”包玉刚坚定地认为。

正是这种高瞻远瞩的见识让包玉刚获得了巨大的成功。到了1978年，经过20多年的苦心经营，包玉刚已拥有200多艘船、总吨位达2000万吨，荣登世界船王宝座。但就在他登峰造极之时，包玉刚又作出了令全球惊讶的决定：减船登陆！因为他又以极其敏锐的眼光，预见到世界性的航运衰退即将到来。于是，他当机立断，及时卖掉了相当一部分的船只，这使他顺利地逃过了后来航运大萧条的灾难。

实行“减船登陆”这一战略，堪称世界商战史上的经典之作。他以超人的眼光，斥资将达22亿港元，导演了精彩绝伦的九龙仓收购战，拉开了在港华人中资挑战英资的历史序幕。包玉刚的这场收购战，在中华商界广为传颂，可谓经典。

商家的眼光首先要准，也就是要在茫茫商海中准确发现既适合自己去做，又能够给自己带来利益的项目；其次要远，也就是不能总盯着一言一行，不能只着眼于眼前利益，而是要在变幻莫测中看准大方向，心中有“定盘星”，这样才能一步步走向成功。

被誉为“经营之神”“塑胶大王”的王永庆是20世纪中国台湾私营企业的佼佼者，是著名的石化工业界的“霸主”，他对时代趋势的把握十分准确。王永庆领导的台塑发展到今天石化工业霸主的地位，没有相当的远见是不可能有如此成就的。一些企业在不景气的时候都以压缩投资、减少生产来摆脱困境，而王永庆却有超人的气魄，与众不同的见解。他说：“经济不景气的时候，可能也是企业投资与扩张计划的适当时机。”在台塑建成初期，生产的PVC塑胶粉卖不动，主要原因是客户对台塑产品的质量不了解，所以造成产品积压。面对这一难题，王永庆不仅没退缩，反而以过人的胆识和远大的经营策略解决了这个问题。他下令扩大生产能力，使日产量由原来的100吨增加到200吨，实现了规模生产，使生产成本大大降低，销售价格也随之下降。这一来，产品不仅没有积压，反而销量大增而且很受欢迎。

1980年，美国石化工业普遍陷入低谷，许多石化厂因此关闭停产。而王永庆却偏偏这时到美国投资建石化厂，同时还买下两个石化厂、几个PVC加工厂。这一招确实又使王永庆得到了丰厚的回报，令他的同行们羡慕不已。

机遇对于每个人都是平等的，就看你能不能抓住它。王永庆不但见识高远，而且具有敢为人先的勇气和魄力。他善于审时度势，敏锐地把握市场机遇，敢于决策，善于决策，因此取得了辉煌的成就。

不登高山，不知山之雄伟；不临沧海，不知海之博大。情况越是纷繁复杂，越能显现出一个人见识的高低。见识低的人，在纷繁复杂的情况下，会被搞得焦头烂额，手足无措；而见识高的人，面对纷繁复杂的情况能游刃有余，应对自如，而且能从中看到潜在的机遇，迎来成功的曙光。

**• 思维破局 •**

“月晕而风，础润而雨”。任何问题的发生，祸福的降临，总会有预兆的。见识高的人总是能透过现象看到本质，通过问题的蛛丝马迹，看到问题的实质，从问题的苗头，看到问题的发展趋势。而见识低、浅薄的人，只能停留在表面现象上，被问题的表象所蒙蔽。所以，世人都说：经得多，才能见得广。

## 审时度势，到什么山唱什么歌

成功的经营者能够从全局上长远地考虑问题，能够在变化中把握局势发展的大方向，因而可以从小到大，从弱到强，使自己不断实现更高的人生目标。在决定一个人成功的因素中，体力、智力、接受教育的程度都是次要的，最重要的是一个人思维能力的强弱！有史以来所有成功的案例都证明了一个道理，即高瞻远瞩的思想是无坚不摧的。在瞬息万变的市场竞争中，成功的企业经营者总是能够胸怀大局，目光远大，从全局上长远地考虑问题，能够在变动中把握局势发展的大方向，争取战略上的主动和优势，从而做出一番轰轰烈烈的事业。

如果永远把自己封闭在熟悉的环境和空间中，就会安于现状，不思进取。而那些心怀大局的人，总是能够大胆地从禁锢中走出来，敢于藐视一切，俯瞰一切，因而他们的视野更宽阔，他们的看法也高人一等。所以他们成功的可能性就比较大，他们对问题或事业估价的含金量也就比较高。

被誉为中国香港"街市大亨"的周起鸿，几年干下来，"洪福南货店"发展得相当成功。可是，周起鸿却觉得这个小店束缚了他的理想和才干，他应该在更广阔的天地里大显身手。于是，他把南货店卖了，甩开双手去寻找新的发展基点。

正在这时，一个好机会幸运地落到了周起鸿的头上。有个名叫罗信的英国商人，为了发展大坑渣甸山的购物中心，到处搜罗人才。听说周起鸿颇有经营才能，便主动打电话邀请周起鸿到他新开发的地区“发展发展”。周起鸿爽快地答应后，便立即筹集资金，在渣甸山上开了一家南货店。可是，渣甸山是个全新的环境，周起鸿过去的那套生意经在这里施展不开。几个月下来，周起鸿就赔了不少钱。这时，罗信鼓励他说：“你的失利，是因为套用了过去的老经验、老办法。用中国人的老话，叫‘到什么山上唱什么歌’，你来到渣甸山上就得唱渣甸山的‘歌’啦！”周起鸿是个聪明人，一点就透。于是，他对这里的商情重新进行了深入调查，发现这一带不是开小店的地方，商场越大越好赚钱！他断然决定去承包大商场。罗信积极地支持他的想法，于是，周起鸿包下了云景道商场，没多久生意就做得十分红火。

商场的业务走上正轨后，周起鸿又想去干更大的事情了。平时一有空闲，他就在附近的街市上闲逛，研究各家商店的经营状况。他常常想，为什么有的店处于闹市中心，商业位置很好，却形象不佳、生意清淡呢？而有的店坐落在街头巷尾，地势并不好，却顾客盈门。为什么有的地段日益繁华，而有的地段总是顾客稀少呢？周起鸿一时理不出头绪，就去拜访行家，请教学者，查阅资料，终于明白了其中包含的大学问！紧接着，周起鸿作出了一个惊人的决定——承包整条街市！精明的罗信闻讯后拍手叫好。他欣赏周起鸿的才干，更相信自己的判断：周起鸿承包街市一定会给他带来更大的经济利益。于是，罗信通过关系，设法让周起鸿承包下了置富花园街市。

不久之后，这条整修一新的大街魔术般地变了模样。白天，楼馆亮丽，特色鲜明，广告林立，如诗如画；夜晚，彩灯缤纷，扑朔迷离，如梦如幻。周起鸿的“大手笔”赢得了民众的一致喝彩。由此，置富花园街市成了数一数二的商业街市。

周起鸿乘胜追击，一鼓作气又承包下了沙田马鞍台街市、马鞍山恒耀街市、青衣长发村丰佳街市，成为家喻户晓的“街市大亨”。

如果我们想获得大的成功，首先要有大的格局，而大格局来自于开阔的视野和长远的眼光。如果一个人的想法老停留在某一个点上，就永远无法开阔自己的视野和思路，也就无法取得大成就。你应该将眼光放远点儿，产生一些新的想法。不要让时间或空间成为竞争的界限或障碍，必须超越时间，严格要求自己，提升自己，才能有机会拓展更大的发展空间，获得生活上和事业上的更大成功。因此，我们不仅要看到身边的竞争对手，更要看到世界范围内的竞争对手，采世界各国、各地之长，才能够让我们得到最好的发展。

## • 思维破局 •

每一个人都该记住，面对生活，我们要让自己拥有最开阔的心胸、最长远的眼光、最超前的行动。只有回顾过去、把握现在、前瞻未来，才能使自己不断迈向更高的人生目标。

## 快人一步，是成功的诀窍

商场即战场，打仗讲究兵贵神速，做生意也要讲究快。一招占先，则步步主动，利于掌握全局。成功者，要么给人以莫大的动力，要么给人以莫大的压力。其实，成功者也都来自普通人，唯一不同的是，他们比其他人多做了一些事情，于是他们成功了。机会来临时不要犹豫，马上行动，这是你走向成功的必经之路。

每做一事要比别人快一步。“快”的意思就是“捷足先登”“先下手为强”。历史经验证明：能否做到快一步，往往会决定一件事情的成功或失败。正如20世纪80年代，在北戴河卖冷饮的李晓华成了亿万富翁，其实，他并没有什么特别的天赋和超凡的本领，他成功诀窍就是办事比别人快一步。

改革开放初期，李晓华到了广州，他在广州商品交易陈列馆看到一台从美国进口的冷饮机，价格是3000元，并且还是样品。他的第六感觉告诉他，只要自己比别人快一步把这台机器运回北戴河，今年就可以发上一笔。为了买到这台机器，他就和对方攀起朋友来，费了一番周折，对方终于把样品卖给了他。

不久，他就把这台机器运到了北戴河，这年夏天，李晓华净赚了十几万元。李晓华靠快一步完成了资本的原始积累。但几年来的经商经验告诉他，明年夏天肯定会有很多人也用这样的机器赚钱，于是秋天刚到，他就把冷饮机卖了！第二年，北戴河的海滩上一下子涌现出几百台冷饮机，相互压价展开大战，做冷饮生意的人最多只赚回一点儿劳务费。

后来，李晓华又找到一个机会，抢在别人前面买了一台组装的录像机和大屏幕的投影机，做起了放录像的生意。因为当时这物品很稀罕，很多人还没看到过，所以原先一块钱一张的门票，最后被炒到十块钱一张……

李晓华先卖冷饮，后放录像，打一枪换一个地方，全凭动作比别人“快一步”，抓住了先机，他才能很快跨入了百万富翁的行列。

李晓华成功的诀窍就是比别人快一步。商场竞争如同弈棋，一招失先，则步步落后。那时，需要花费很多的时间和精力才能扭转被动局面。如果你能一招占先，则步步主动，利于掌握全局。

在市场上，新即是价值。跟在别人后面亦步亦趋是没有出头之日的，要想做大生意赚大钱，一定要抢在对手之前出新招。比尔·盖茨说：“你不要认为那些取得辉煌成就的人，有什么过人之处，如果说他们与常人有什么不同之处，那就是当机会来到他们身边的时候，他们会立即付诸行动，绝不迟疑，这就是他们的成功秘诀。”

大连人韩伟，从一个家庭养鸡场起步，做成了“中国鸡王”。他的成功之处就在于以超前的眼光看市场，始终领先别人一步。

1982年，韩伟自筹资金3000元，办起家庭养鸡场。那时以商业为目的的家庭养鸡户极少，所以他做得很顺手。后来，家庭养鸡场越办越多，韩伟又先人一步，贷款15万元，办起真正的养鸡场，以规模效益取胜。这一步棋他又走对了，在同行面前赢得了很大的竞争优势。

几年后，养鸡场渐渐多起来。韩伟意识到，靠传统方法养鸡是不具备竞争力的，必须加大科技投入，降低养鸡成本。于是，他又扩大投资，建了一座现代化养鸡场。设施全部自动化，整个鸡舍只需一个人操作，这在当时绝对算得上超前。他的鸡场产量相当高，每只鸡年产蛋达到20千克，而一般的大鸡场只有12千克，国际先进水平也只有18千克。产量大、成本低，他的竞争优势十分明显。

又过了几年，韩伟看到市场经济过剩已现端倪，仅生产普通鸡蛋，前途难测。于是，他高薪聘请营养学专家开发绿色鸡蛋，这正好迎合了人们普遍崇尚生活品质、钟情绿色食品的心理。所以，他的绿色鸡蛋一上市，不仅畅销国内，还远销国外。

在同样的机会下，谁快谁就会赢得机会，谁快谁就会赢得财富；在机会不同的条件下，后来者要用速度赢得时间，赶上前面的领先者。在竞技场上，冠军和亚军的区别可能就是只有0.1毫米或者0.1秒，但是它却决定了两个人的不同命运，冠军一飞冲天，亚军一落千丈。

• 思维破局 •

要做好一件事情，关键就在于眼明手快，掌握时机。只要具备敏锐的眼光，肯吃苦耐劳，成功的钥匙就在你手中。行动就是力量，一万个空洞的说教远不如一个实实在在的行动。如果你下定了决心并且立刻去做一件事，那么你的梦想一定会实现。

## 多走几步，你就比别人更接近成功

聪明人比普通人的高明之处在于，他总会比别人多想几步。要想获得成功，就要多思考，无论看到什么，都要多问为什么，把思考变成自己的习惯。不管是谁，只要他养成比别人多想几个问题、多走几步路、多动几次手的习惯，那他就能比别人多一些成功的机会，也会比别人收获更多的果实。

曾有人问爱因斯坦："你的思维特点是什么？"爱因斯坦回答说："如果让一个普通人在干草堆里寻找一根绣花针，那个人在找到一根之后就不会再找了，而我则要翻遍整个草堆，把散落在里面的所有绣花针都找出来。"多走几步，多思考几分，爱因斯坦的成功秘诀，想必就在这里。其实，很多工作并不是你做不好，问题在于你有没有好好思考过怎样去做。多看、多想、多换几个角度观察和思考问题，比他人多走几步，比之前的自己多走几步，你就会发现，自己也能成为天才。

1940年，美国皮革商巴察的食品冷冻法获得专利，他将这项专利出售后，得到了1万美元专利费。这在当时可不是小数字。巴察本是一个皮革商，怎么会获得食品冷冻的专利呢？这必须从头说起。

巴察经常去纽芬兰海岸，在结了冰的海上凿洞钓鱼。把从海水中钓起的鱼放在冰上，立即被冻得硬邦邦的。几天后，等食用这些冻鱼时，巴察发现，只要鱼身上的冰不融化，鱼味就不会变。根据这一发现，巴察开始试验将肉和蔬菜冰冻起来。他惊喜地发现，只要把肉和蔬菜冻得像那些鱼一样，就能保持新鲜。经过反复试验，他又进一步发现：冰冻的速度和方法不同，食品冰冻后的味道和保鲜程度也不同。经过几个月废寝忘食的研究，巴察为他发明的食物冰冻法申请了专利。由于这是一种具有极大潜力和应用范围极广的新技术，所以很多人找上门来。巴察待价而沽，最终通用食品公司以1万美元的巨款，把这项专利拿到了手。

不要因为环境太普通，就停下了自我发展的脚步。普通好比一团泥，它可以永远只是一团泥，也可以被捏成形态各异的人和物；也不要自认为太迟钝、上天没有赐予自己一双善于发现的眼睛，就自我否定，只要你在生活中多一点思考，或许就会取得意想不到的成就。善于思考的人，他们的思维是全面的，是开放的，在别人说一的时候，他们会想到二，甚至是三。聪明人就是靠这样多想几个问题成功的。的确，人这一生中，你的思想决定了你的一切，你能想多远，你的思想达到了什么程度，就决定了你的成就可能到达什么程度。

10多年前，日本人古川久好只是一家公司里的小职员，他总琢磨着赚大钱。有一天他看到报纸上有这样一则报道：“现在美国各地都大量采用自动售货机来销售商品，这种售货机不需要雇人看守，一天24小时可随时供应商品，而且在任何地方都可以营业……”古川久好开始在这上面动脑筋，他想：“日本现在还没有一家公司经营这个项目，这项生意最适合没有什么本钱的人。我何不趁此机会经营此新行业呢？” 于是他就向朋友和亲戚借钱购买了20台自动售货机，设置在酒吧、剧院、车站等一些公共场所，开始了他的新型事业。古川久好的自动售货机第一个月就为他赚到100多万日元。他再把每个月赚的钱投资于售货机上，扩大经营的规模。5个月后，古川久好不仅早已连本带利还清了借款，还净赚了近2000万日元。

一些人看这一行很赚钱，也都跃跃欲试。古川久好又产生了新的创意，即制造自动售货机。他自己投资建厂，研究制造“迷你型自动售货机”。古川久好的自动售货机上市后，反响极佳，立即以惊人之势开始畅销。没几年工夫，这种销售方式在日本的许多城市里普及开来。古川久好也因制造自动售货机而发了大财。

古川久好的经历告诉我们，成功者总是走在别人前面。有时，你比别人多想一点，比别人多走一步，就能看到别人没有看到的机会，成就别人想不到的事业。所以，千万别放过任何一个创新的机会。运用所学，勤于思考，付诸行动，到处都有无穷无尽的趣味和新领域在等你。

## • 思维破局 •

聪明人往往比普通人看得更远，想得更多。在现实生活中，具有一定的远见卓识，将给我们带来巨大的财富。管理大师大前研一经常强调一句话：“思想力就是竞争力。”现在很多公司也都非常崇尚这一点。思想有多远，你的事业就能走多远！

## 眼光放远，机会藏在风险中

一个人要想成就一番大事业，没有远见是不行的，所谓站得高，看得远，只有拥有深邃的思想和广阔的视野，才能获得成功。戴高乐说：“眼睛所到之处，是成功到达的地方，唯有伟大的人才能成就伟大的事，他们之所以伟大，是因为决心要做出伟大的事。”只有拥有深邃的思想和广阔的视野，按照既定的目标，坚持不懈，才会获得成功。

要想取得成功，应该具备许多种因素。它离不开个人的素质、生活阅历和知识水平，更重要的是要有敏锐的洞察力和冒险精神。大量的商业实践表明，商人的洞察力与生意的利润率成正比。

美国零售业的西尔斯百货公司能成为美国最大的百货公司，是与当家人的目光远大分不开的。公司原副总裁伍德在1925年通过分析美国人口发展趋势，敏锐地发现随着汽车业的迅猛发展，私人拥有的汽车将越来越多，而大城市已无法提供那么多停车的地方，因此人口势必将会大量流向郊区。汽车的大发展将为商业零售方式带来一次革命，城市作为商业中心的地位下降，而郊区则会得到大发展。分析至此，伍德甘冒风险，毅然做出一个违反当时市场导向的重大决策：西尔斯百货公司向郊区发展。他们趁当时空地多，土地租金低，别人还未醒悟，迅速地在郊区建立自己的市场优势。伍德作为一个能洞察商品零售业发展趋势的商人，使西尔斯公司自20世纪初期就一直占据美国零售业第一的位置，不仅成为美国最大的百货公司，还把触角伸到了加拿大和欧洲。

成功的生意人，他们目光远大，有极强的洞察力，在风险与机遇共存的经营活动中，能发现赚钱的机遇，发现市场变化的趋势和规律，从中大获其利。

19世纪80年代，约翰·洛克菲勒已经以他独有的魄力和手段控制了美国的石油资源，这一成就主要受益于他那从创业经历中历练出来的预见能力和冒险胆略。

1859年，当美国出现第一口油井时，洛克菲勒就从当时的石油热潮中看到了这项风险事业是有利可图的。他在与对手竞购安德鲁斯公司的股权中表现出了非凡的冒险精神。拍卖从500美元开始，洛克菲勒每次都比对手出价高，当达到5万美元时，双方都知道，标价已经大大超出石油公司的实际价值，但洛克菲勒仍满怀信心，决意要买下这家公司。当对方最后出价7.2万美元时，洛克菲勒毫不迟疑地出价7.25万美元，最终战胜了对手。

年仅26岁的洛克菲勒开始经营起当时风险很大的石油生意。当他所经营的标准石油公司在激烈的市场竞争中控制了美国市场上炼制石油的90%时，他并没有停止冒险行为。

19世纪80年代，利马发现一个大油田，因为含碳量高，人们称为“酸油”。当时没有人能找到一种有效的办法提炼它，因此一桶只卖15美分。洛克菲勒预见到这种石油总有一天能找到提炼方法，坚信它的潜在价值是巨大的，所以执意要买下这个油田。当时他的这个建议遭到董事会多数人的坚决反对，洛克菲勒说：“我将冒个人风险，自己拿钱去购买这个油田，如果必要，拿出200万、300万。”最后，董事们同意了他的决策。结果，不到两年时间，洛克菲勒就找到了炼制这种酸油的方法，油价由每桶15美分涨到1美元，标准石油公司在那里建造了当时世界上最大的炼油厂，盈利猛增到几亿美元。

同样是商人，眼光不同，境界不同，结果也不同。在现实生活中，远见卓识将给你带来机遇和巨大的财富。凯瑟琳·罗甘说：“远见告诉我们可能会得到什么东西，远见召唤我们去行动。心中有了一幅宏图，我们就能从一个成就走向另一个成就，把身边的物质条件作为跳板，跳向更高、更好的境界。这样，我们就拥有了无法衡量的永恒价值。”

## • 思维破局 •

尽管时代不同了，但是“眼光决定未来”这一事实并没有变。谁能成为先觉者，高瞻远瞩，先行一步，谁就能在未来成为行业中的佼佼者。

## 深谋远虑，舍小利博大利

短视只能带来短暂的温饱，却不能给你带来长远的富裕生活。一个人只有深谋远虑、从整体上分析和进行判断，顾全大局，舍小取大，才能作出长远而正确的决策。无数事实表明，如果目光短浅，为小利所蒙蔽，往往失去得更多。有时，为了顾全大局，保护更大的利益，需要学会暂时舍弃相对较小的利益。人的一生会遇到很多十字路口，当你茫然四顾，不知何去何从的时候，主动放弃眼前利益而保全长远利益是最明智的选择。正所谓“两弊相衡取其轻，两利相权取其重”。

有的人急功近利，为了一时的利益，不择手段，但急功只能近小利，心急是吃不了热豆腐的。同样，有经验的钓鱼者也知道，要想钓到大鱼，必须放长线，并耐心地等待。

有位青年非常羡慕一位富翁取得的成就，于是他跑到富翁那里询问他成功的诀窍。富翁知道了青年的来意后，什么也没说，而是转身从厨房拿来了一个大西瓜。只见富翁把西瓜切成了大小不等的三块，之后他把西瓜放在青年的面前：“如果每块西瓜代表一定的利益，你会如何选择呢？”“当然选择最大的那块！”青年毫不犹豫地回答。富翁笑了笑说：“那好，请用吧！”于是富翁把最大的那块西瓜递给了青年，自己却吃起了最小的那块。当青年还在津津有味地享用最大的那一块时，富翁已经吃完了最小的那一块。接着，富翁很得意地拿起了剩下的一块，还故意在青年眼前晃了晃，然后又大口大口地吃了起来。其实，那块最小的和最后一块加起来的分量要比最大的那一块大得多。青年马上就明白了富翁的意思：富翁开始吃的那块西瓜虽然没有自己吃的那块大，可是最后却比自己吃得多。

如果每块西瓜代表一定程度的利益，那么富翁赢得的利益自然要比青年多。吃完西瓜，富翁向他讲述了自己的成功经历，最后他又语重心长地对青年说："要想成功就要学会放弃，只有放弃眼前的小利益，才能获得长远的大利益，这就是我的成功之道。"

思考的变化往往蕴含于取舍之间，因为不这样做，就会那样做，这是由一个人的思考力决定的。不少人看似素质很高，但因为他们难以舍弃眼前的蝇头小利，而忽视了更长远的利益，因此，常常没什么大的成就。

成功者有时仅仅在于抓住了一两个被别人忽视的机遇，而机遇的获取，关键在于你是否能够在人生道路上进行果断的取舍。在某种特定时期，只有敢于取舍，才有机会获取更长远的利益。

凡成大事者，往往能纵观全局，权衡利弊，舍小取大，而目光短浅的人，往往贪图一时的蝇头小利，不舍得放弃，最终错失良机，一无所获。可见，一个人只有目光长远，勇于舍弃，才能达到自己理想的幸福生活。另外，我们要知道，放弃是为了大踏步地前进，放弃是真正的勇气，也是真正的智慧。

当初的柯达公司在赢得大众的认可，生产的自动相机又好卖的情况下，进一步宣称："自动照相机的专利本公司绝不独占，我们同意所有厂商仿造它。"这绝对不是平常人愿意做的。一般人在自家产品畅销时，肯定会千方百计保守机密，以专利垄断市场，独享其利。柯达的做法，让人疑惑他的目的所在。然而，这正是柯达成功的又一诀窍。今天，提起柯达，人们首先想到的不是自动照相机，而是大名鼎鼎的柯达胶卷。原来，放弃专利让其他照相器材厂商共同拓展世界照相机市场，最终必然会刺激胶卷的销售。

一个人只顾眼前的利益，得到的只能是短暂的欢愉；目标高远的人，懂得拥有与付出的关系，能够得到长远的幸福。一个人在决策利益的关键时刻，往往手忙脚乱，失去分寸，很容易只见树木，不见森林。很多时候，舍不得局部或眼前的一些小利益，很可能就会损失整体或长久的利益。有些事情，表面看来是获得，是胜利，但是从整体、长远看来却是损失，聪明的人不会被此迷惑。常言道："因小失大。"假使你以单纯的想法自以为是获得了，等到后来，往往会发现其实是受到损失了。

## • 思维破局 •

有舍才有得，必要时要舍弃一部分利益，而从另外一个层面上取得更大的利益。有时候，丢卒保车，舍鱼而取熊掌非常有效。求财致富，要放长线钓大鱼，立足现实，着眼未来，从长计议，这才是赢家的制胜之道。

# 第03章

## 专注思考，精力集中使问题解决更为顺畅

## 术业有专攻，你只需要思考并解决自己的事

术业有专攻的人，能很快适应社会的发展，创造出意想不到的佳绩。心无旁骛地思考自己的事情，事情就会眉目清楚，事业才会有所建树。无一技之长的人，难立足于社会，对社会做出的贡献也少之甚少；技能高超的人，对自己的事情全神贯注，无论是工作还是学习，都会毫无阻碍，能收到良好的效果。如果在自己所从事的领域里没有一点专长，思维散漫，就会一事无成。

有许多人即使在自己所从事的领域内有一定的专长，但如果不能专注地思考自己的事情，一门心思用在别处，自己的才能就得不到正常的发挥，自然事情也不会做好。在一定的领域内有所专长，且能专心致志地考虑自己的事情，不分心、不散漫，这样的人才能把事情做好。如果无一技之长，又不能把心思用在自己所做的事情上，事情当然不能做好，更不用说有所成功。那些奢望成功，期望事情能顺利进行的人，只有对所从事的事业或工作有所擅长，能集中精力考虑自己的事情，工作

才能顺利，事业才会蒸蒸日上。否则就会分散你的精力，让你在不知不觉中消耗掉时间而没有什么成效。因此，我们应术业有专攻，专注地思考自己的事情，尽量发挥自己的才能，这样，无论是我们的生活、学习，还是工作，都会变得十分美好。

陈芳学的是计算机专业，成绩很好。刚开始工作时，由于所学的专业对口，因此，她信心十足，对工作中遇到的一些问题，她都能很快解决，她的专业知识起到了很大的作用。

然而几个月之后，陈芳感觉自己所做的工作太简单，不能充分发挥自己的专长，于是，她就接受了另外一家公司的邀请，兼职做起了设计工作。有限的时间，大量的劳动，很快使她疲惫不堪。她虽然发挥了自己的才能，但是她的本职工作却做得越来越差，直到受到公司领导的批评，她才意识到，自己没有做好分内的事，没有把精力用到该用的地方，如此分心下去，自己的工作将会受到严重的影响。

想到这些，她辞去了兼职工作，一门心思扑在了自己的本职工作上，除了自己该做的事情，她很少再去顾虑别的事情。她擅长的技术在工作中得到了充分发挥，她工作得越来越出色。

术业有专攻。经过学习或研究，掌握了一定的技术，有了自己的专长，就要把它发挥出来。集中精力，善用专长，才能做好自己的事情。事例中的陈芳，在认识到自己的思维有了偏差之后，及时进行了调整，她才会工作得更优秀。

**• 思维破局 •**

无一技之长，又不能集中精力做好自己的事情，这样的人自由散漫，做事三心二意，不会有什么收获。若想有一定的专长，就要认真学习，多做研究，把心思用在自己所做的事情上，这样才能有大的收获，取得成功。

## 三心二意者，终将品尝失败的苦果

每个人的一生中，都需要做很多事情。在做事时，如果三心二意，不用心，你就会觉得，要做完这件事怎么这么艰难。究其原因，是因为你没有专注于这件事，不能集中精力做好这件事，你把事情想得太复杂了。其实，事情本是简简单单的，没有必要搞得那么复杂。如果你不能全身心地专注一件事，一些多余的无用的想法就会困扰你，这很容易让你的思维散漫，让事情变得复杂。全神贯注于每件事，事情才能做得更完美。很多时候，注意力的分散会使事情变得特别复杂，甚至很棘手。

要做到全神贯注，对于每一个人来说，都不是很容易的事情，这要求你能约束住自己，不要有别的想法或念头，把全部的注意力都集中在你做的事情上。如果你不能全神贯注于你所做的事情，你就会失去自信，停滞不前，所做的事情就会不断拖延，最终一事无成。

陈晨应聘到一家单位去工作，凭着自己的能力，她工作地得心应手。单位最近要和一家外企合作，派她作为代表去洽谈，外企的代表讲的是一口流利的英语，英文基础还不错的陈晨虽然能听得懂他说的话，但是应答不上来，她心里十分着急，当时的场面非常尴尬。此时，她才意识到自己的英语口语表达能力是多么欠缺，于是，她决心学习口语知识，提升自己的口语表达能力。

于是，一些英语沙龙成了她常去的场所。刚开始，陈晨记得自己的初衷是提高口语水平，方便与外方开展业务往来，因此她常去找类似的主题与人交流。一段时日后，陈晨认识了几位谈得来的朋友，几人经常私下约会、聊天、旅游，商务英语被她抛在脑后，完全忘记自己不是来交朋友的，而是来提高口语能力的。

当单位再次派她作为代表和外企洽谈合作事宜时，满以为自己能自如应对的她竟结结巴巴一句话也说不出来。这次的洽谈自然也没有成功。单位领导经过再三思量，让别人取代她做了代表，陈晨后悔莫及。

无论什么事情，只有全神贯注地去做，才能获得成功。如果注意力不集中，事情就会难上加难。事例中的陈晨认识到自己在英语方面的缺陷，参加了英语沙龙，锻炼自己的口头表达能力，如果能够全身心地投入其中，她的英语口语水平就能得到快速提高，也就能很好地完成自己的工作任务。但是由于她不能约束自己，不能一门心思地坚持学习，才会被别人取而代之。

**• 思维破局 •**

全神贯注于你所做的事情，任何事情对于你来说，都不是难事。在做事时想东想西、忽左忽右，或者迟疑不定，事情就会变得越来越复杂，失败就会如影子一样与你紧紧相随。收回自己放纵的心，集中精力，事情就会很简单。

## 收起发散思维，找到问题主线

面对众多问题，要进行具体而全面的分析。多方突破，多角度思考，固然能找到诸多解决问题的方法，但是这种发散性的思维很容易使人走向极端。如果让思维随意发散，你所考虑的问题就会很分散，使你分不清主次，抓不住问题的主线，即使你付出了很大的努力，考虑得再缜密，也很难解决问题，你所要做的事情也不能很好地进行。因此，关键的时候收起发散的思维，找到问题的主线，重点击破，问题就会轻而易举地得到解决。

然而，有些人并不能做到这一点。他们在思考问题的时候，经常会按照自己的思维方式考虑问题，他们会任由自己的思维漫无目的地发散，这样就分散了自己的注意力。一旦注意力分散，你就会摸不清方向，分不清主次，像无头苍蝇那样到处乱撞。这时的你如果不能很好地调整自己，理清思绪，不能掌握问题的主线，任由思维散漫，所有的问题就会散如盘沙，就会像支流不能汇入大海那样，四处泛滥。思维就是如此，当发散的思维如决堤的海水一样四处漫溢，分散成无数的不断延伸的支流时，你就要找出水势最强、最有冲击力的那一条，这就等于找到了问题的主线。此时，你就会把全部精力集中在这条主线上，对它进行重点细致的分析，你所面临的问题就可以迎刃而解。可见，适时收起发散思维，抓住问题的主线，方能有的放矢地解决问题。否则，即使你再用心，付出的努力再多，也会付之东流。

## • 思维破局 •

主线贯穿着事情的始终，是事情的关键。思维发散，注意力不集中，思想也会天马行空，不着边际，问题的主线就会模糊不清，事情就得不到根本的解决。收回发散的思维，专注于主要的事情，就能找到问题的主线，集中精力把心思用到思考上，事情就能得到圆满的解决。

## 摆脱混沌，清晰思考

工作或学习中，我们在思考问题的时候，有时候因为事情繁杂，经常会出现思路不清晰，这也使得我们的头脑变得混混沌沌，不知所以。这对于做任何事情来说，都不是一个好的预兆，它会使事情无法顺利进行下去，也会使我们茫然无措。要恢复清晰的思考，就要设法消除混沌，捋顺乱如草茎一样的思路。有了清晰的思路，事情才能有条有理，井然有序。

思维如果变得混乱，生活、工作就会变得混乱不堪，如果不能走上正常的轨道，你也就达不到自己预期的目标。清晰的思维，有助于我们正确地思考问题，深思熟虑问题的所在，使得事情能按照原定的计划进行。一旦陷入混乱的思维，就要立即从这种混乱中走出来，如果沉溺其中，势必会变得迷迷糊糊，时间一长，注意力就很难集中，这样，我们就无法正常工作或学习。没有人愿意陷入这种昏昏沉沉的状态。然而，还是有人会不知不觉地变得迷糊起来，不能清晰地思考。如果及时纠正，捋顺混乱的思维，就会重新走上正轨。做到这一点，你就能摆脱思维混沌的阴影，保证自己所要做的事情顺利进行。

王老师在一所学校任教，刚接手了一个班级。最初，由于不了解班里每个学生的情况，面对那一双双求知若渴的眼睛，她脑子一热，变得慌乱起来，前言不搭后语，原本准备的自我介绍和设计好的课堂知识也变得枯燥无味。当她慌乱地走下讲台，她的思绪一片混乱。她的第一节课就这样以失败告终。这对于她无疑是一个沉重的打击。

怎么办？这些学生怎么管理？以后的课程怎么进行？应该从哪里入手？王老师越想脑子里越乱，她简直理不清头绪。经过一段时间的紧张思考，她狂躁的心情渐渐平静了下来。她很快找到了自己失败的原因，一方面是自己的怯场、不镇定；另一方面也是自己对每个学生的情况不了解，不能因材施教。

于是，她重新梳理好自己的思绪，把课堂上需要做的每一件事都做了认真细致的分析，厘清了思路。再一次给学生上课的时候，她微笑着走上讲台，优雅的谈吐，精彩的讲解，很快吸引住了学生，课堂取得了良好的预期效果。

清晰的思路，有助于你走向成功。即使极其微小的事情，也需要你的思路保持清晰。混沌的思路，会使你不知所措，王老师的第一节课之所以失败，原因正在于此。但是由于她能静下心来，认识到自己思路中存在的问题，并进行清晰的思考，才使她后来的课堂教学取得成功。可见，无论是工作还是学习，或是做其他的事情，只有捋顺混乱的思路，清晰地思考你要做的每一步，你做的事情才会井井有条，你才会取得成功。

**• 思维破局 •**

思路出现混沌，担心忧虑也会接踵而来。因此，要摆脱思路的混沌，首先要放松心情，保持镇定从容，平静自己的内心，细细地厘清自己的思路，才能进行清晰的思考，清楚所做的每一步，心中才会不慌不忙，淡定从容。

## 擒贼先擒王，解决问题先要抓住关键

俗话说，“擒贼先擒王”。想要缉捕盗贼就要先捕到贼首，想要作战胜利就要先抓住带兵的统帅。我们在处理事情时也是如此。找到事情的起因，谁是引发矛盾、阻止事情顺利进行的罪魁祸首，是十分必要的。对于一件事情，找到问题的关键后，首先进行解决，控制事态的发展，就不会引发大的问题，那些小事情小矛盾也就会随之得到解决。如果在解决问题时抓不住关键，那么就会如黑熊掰玉米一样，问题丢得到处都是，哪个也得不到解决。因此，我们若想解决问题，首先就得抓住问题的关键，进行通力解决。

事实上，并非所有的人在处理事情时都能抓住问题的关键。有的人在处理事情时，对于出现的问题并不能进行具体甄别，哪些是主要问题，哪些是次要问题，哪些需要重点解决，哪些只需轻轻一拨。这些人总是试图把所有的问题一下子全部解决，结果就如囫囵吞枣，每个问题都没有得到完善处理，每件事都没有得到彻底解决，这常常是事与愿违，除了浪费时日，还会使自己心存焦虑。因此，要想做好事情，就要找到问题的关键，着力进行解决。如果把目光停留在那些细枝末节上，从小的方面入手，问题就会越积越多，让你难以应对。从主要方面入手，问题就会一个个被击破。

岩心从事人事管理工作，每天工作非常繁忙，除了公司的各种报表要做外，她的主要工作就是负责招聘。根据自己以往的工作经验，招聘工作对她来说，并不是什么难事，但是最近前来公司应聘的人却难住了她。

原来，这些应聘者文化水平颇高，个人修养很好，岩心和他们谈话感觉很吃力。并且，在对数百份的应聘简历进行筛选时，岩心看得眼花缭乱，搞了几天也没敲定哪些是合适人选。

这种情况直接导致了她的工作出现危机。在公司紧张用人之际，人员的遴选首先在她这里就出现了问题，这不得不使公司领导对她的能力有了看法。为了尽快解决工作中遇到的难题，她以最短的时间分析了自己工作中出现的问题，终于发现了问题的关键——时代在进步，公司在发展，应聘者的素质在提升，而自己的业务能力仍在原地踏步。于是，她尽快地补充自己的专业知识，并根据公司的实际情况重新制定了用人标准。

经过对简历的严格筛选及面试时的具体情况，岩心终于遴选出一些优秀的人员，补充到了公司的各个部门。公司的工作又开始正常运转起来，岩心也如释重负。

“擒贼先擒王”，这是亘古不变的道理。抓住关键问题，进行重点突破，才能逐个击破。事例中的岩心在工作中遇到难题时，经过分析从众多的问题中找到了关键问题，通过自己的智慧集中精力进行解决，使情况有了新的转机。

• 思维破局 •

关键问题，着力解决。首先需要你辨别出哪些是关键问题，因为关键问题往往是阻碍事情顺利进行的最大绊脚石。满怀信心地搬掉这块绊脚石，你就会发现，其实处理事情很容易。如果只过多地关注一些不太重要的事情，就会白白地浪费掉时间，着眼于关键问题，集中精力，问题就会变得很简单，很容易。

## 抓住主要矛盾，集中精力解决问题

我们平时会遇到很多问题，如何解决这些问题？这就需要我们认真细致地分析问题，找出引发问题的主要矛盾。在分析问题、解决问题的过程中，如果我们找不到问题产生的根源，抓不住问题的主要矛盾，不能集中精力解决问题，那么事情就很难完成。在做事时，既可能出现较大的问题，也可能出现小问题，然而，无论是大问题还是小问题，只要出现了问题，就表明事情已经出现了危机。矛盾有主有次，分清主次，消除主要矛盾，事情就会顺利进行。如果分不清主次，主要矛盾得不到解决，事情就不能从根本上解决。因此，抓住主要矛盾，理清思绪，集中精力，就能使问题得到解决。

但是，能够抓住主要矛盾的人很少。这些人在遇到事情，需要解决问题的时候，常常不知从何入手。他们在面对问题时，总是一副慌乱的样子。他们搞不清问题的症结在哪里，虽然也付出了很多的努力，但是收到的效果却微乎其微。究其原因，是因为他们在处理事情中出现的问题时，不能针对具体问题进行具体分析，对于出现的矛盾一概而论，结果在处理这些矛盾的时候，进行“一刀切”，不仅原有的矛盾没有得到解决，反而又出现了新的矛盾。如此下去，矛盾就会层出不穷，问题当然得不到解决。一般的事情尚且如此，更何况一些重大事情呢？可见，抓住主要矛盾，是解决问题的关键。如果你在处理事情的时候，能够从主要矛盾入手，进行重点突破，那些次要的矛盾也会轻易地得到解决。

周周在一家公司上班，对工作极其负责，但是，最近她心里却很烦躁。原来，公司人事上进行了大调整。每次汇报工作，她现在的直属上司都是简单地说“是”“可以”或“不行”之类的话，这让她丈二和尚摸不着头脑，不知道怎样开展自己的工作。经过一段时期的接触，她的心里越发烦恼。又一次向上司汇报工作时，她与上司发生了言语冲突，两人之间出现了矛盾。

周周的工作再也无法进行下去了，周围的同事也对她另眼看待。

周周感到非常委屈。她想不通，自己为什么会与这位上司的关系搞得这么僵。自己以前并不是这样的，以前工作起来得心应手，并且自己的人际关系虽说算不上极好，但也不是最差。那么，是什么导致了现在的状况呢？是自己的领悟能力差？还是这位上司有意刁难自己？周周一时摸不着头脑。

经过仔细思考，周周意识到，自己对这位上司其实并不了解，也几乎没有机会与之沟通，当然也很难明白上司的心思，自己所做的事情也许与上司的决策不太符合，这是导致自己和上司关系不和的主要矛盾。想到这些，她决定与这位上司交流一下，但是她不知那位上司是否同意。再三踌躇之后，她终于鼓足勇气敲开了上司办公室的门，和气地对那位上司说了自己的想法。出乎意料的是，那位上司居然爽快地答应了，并且与她进行了推心置腹的交谈。交流结束后，周周的心情也没那么沉重了，那位上司也觉得自己给下级部署任务的时候，言语不太准确。随后，两人统一了认识。

周周与上司的那次交心的谈话，使两人之间的矛盾得以化解，在之后的工作中，她与上司的关系一直很融洽。

无论做任何事情，都难免会出现这样或那样的问题，在解决问题的时候，抓住问题的主要矛盾，问题就能尽快得到解决。事例中的周周正是这样，在厘清了自己和上司之间存在的主要矛盾后，她进行了适时的调整，化解了和上司之间的矛盾，从而缓和了他们之间的紧张关系。

**• 思维破局 •**

当事情出现问题时，解决的最佳途径就是抓住问题的主要矛盾，主要矛盾得到化解，次要矛盾就会轻而易举地得到解决。在处理问题时，找到问题的症结，分清主次，集中精力，无论多大的矛盾都会得到解决。

## 思绪杂乱无章，会阻碍你前行

平时，我们经常看到这样一些人，他们做事时专心致志，一丝不苟，通常能很顺利地完成一件事情，取得事业的成功。如果他们的思维杂乱无章，就不能很好地有条不紊地完成一件事，更不要说取得事业上的成功了。做事时专心致志，就能认真细致，思维有序畅通，但是，如果思绪杂乱，头脑就会陷入混沌状态，难以清醒，这样就会阻碍你前行的脚步，让你停滞不前。只有集中自己的思绪，把全部的心思用在自己所要做的事情上，你才能不断前行，成功地完成你要做的事情。

然而，并不是所有的人都能使自己的思维畅通，专注于同一件事。有这样一种人，在生活中屡见不鲜。他们原本计划去做某件事，刚开始很用心，做得专心致志，但随着时间的推移，他们就会转移自己的心思，开始分心，结果只能是偏离了正常的思维，思绪变得紊乱，从而使自己也不知道自己要做什么。当然，原本计划做的事情也会因此搁浅，最终一事无成。由此可见，要想做好自己正在做的事情，就要控制住自己的思绪，让它顺着自己预定的目标有序延伸。即使中途事情有了新的变化，也不能信马由缰，要把思绪的绳线紧紧地抓在自己的手里，你的思维就不会分散。继续前行，你就有可能迈向成功的顶峰。如果任由自己的思绪紊乱，你会因此丧失前进的动力，不思进取，你的生活和事业也会变得一团糟。想要改变这些，就要学会专注思考，集中自己的精力，让思维在前进的途中保持畅通无阻。这样，无论做什么事情，你都会毫无阻碍地大步前行。

小刘在一家公司做设计工作，她也想像那些成功人士一样，设计出令人满意的作品。她设计出了很多作品，虽然也获得过一些奖项，但是这与她的预定目标还有很远的距离。

一次，为了设计一个汽车展示图，她花费了大量时间查找资料，并想象设计汽车的最佳布局，以及如何突出那款汽车的结构、车型、品牌。

然而，当她心里有了大致的轮廓时，却在一次车展中发现了另一款汽车，与自己已经构思好的设计有相似之处。为了有更新颖的创意，原本按照自己的思路进行的设计就暂时停下了，她经常在想，如何在图上展示出汽车穿越山河的情景，以表现出该汽车优越的性能。她每天一刻不停地想着这些，几天过后，她的思维渐趋紊乱，原来想象的设计图也逐渐变得模糊不清。她的设计也最终流产。因为她不能在预定的时间里拿出好的作品，公司也因此辞退了她。

失去工作的小刘陷入茫然，在朋友的耐心开导下认识到了自己以前存在的错误，明白了失败都是由于自己不能专注于思考自己既定的目标，于是，她努力应聘到另一家设计公司，决心重新开始自己的工作。在进行设计时，她先找好资料进行参考，在心里构思好之后，一幅幅设计蓝图就显现在脑海里，再融入自己的创意，一件件设计作品很快就完成了。小刘也成了有名的设计师。

思绪变得紊乱，你就无法进行自己的事情，就会停滞不前。一旦你保持清醒，专注思考，理清思绪，牵着思绪的丝线沿着预定的目标前进，你就会走向成功。事例中的小刘，在经历了一番周折之后，认识到了这一点，因此，她能够在最后取得成功。

## • 思维破局 •

杂乱无章的思绪，只会阻挡你前进的脚步。集中精力专注于你要做的事情，一切才会变得畅通无阻，你前行的脚步才不会驻足不前，成功才会频频向你招手。无论何时，抓住思维的丝线，让自己的思绪沿着预定的方向延伸，你就会一路畅行无阻。

# 第04章

## 逆向思维，逆势而行 抓住机会实现突破

## 反向思考，试试倒过来看问题

一般人都习惯于顺向思维，按部就班地思考问题，这样可能会失去很多新发现的机会。如果我们能逆向思考，往往能迸发出全新的创意，创造出惊人的成果。逆向思维既是一种思维形式，也是一种思维方法。

打高尔夫是人们非常喜欢的体育运动，但是高尔夫球场的要求很高，占地很大，必须种上高质量的草坪，其造价十分昂贵，这就使普通老百姓难以涉足。能不能在普通的水泥地上打高尔夫球呢？有人想出了绝妙的主意：普通的高尔夫球在草地上滚与带“毛”的高尔夫球在水泥地上滚不是差不多吗？于是，有人就发明了可以在普通的水泥地上打的带“毛”的高尔夫球，深受高尔夫球爱好者的欢迎，同时也给他带来了财富与荣誉。

利用逆向思维方法，可以巧妙地解决一些我们顺向思维所不能解决的问题。把思维方法来个180°大转变，有时会取得意想不到的效果。历史上有许多成功者都是采用逆向思维法而取得重大发现和发明的。

20世纪40年代，方块糖虽然用防湿纸包装，但是，密封纸张不管有多厚、有多少层，时间一长，方块糖仍会渐渐受潮，甚至发黄。各家制糖公司动用了不少专家，耗费了不少资金，就是找不到有效的防潮方法。科鲁索是一家制糖公司的普通职员，因为每天都接触方糖，对方糖的性能很熟悉，工作之余，他也琢磨着怎样才能够找到一个有效的防潮方法。他尝试了很多方法都没有效果。这天，他异想天开地在方糖的包装纸上打了一个洞，结果，空气的对流使得方糖受潮现象一下子就消失了。就是这个简单的方法，最后成功解决了令很多专家都头疼的问题，科鲁索也因此在公司得到了晋升。

在所有人都沿用旧思路思考如何用更厚、更密封的防湿纸隔绝空气时，科鲁索反其道而行之，增加空气对流来防潮，以最小成本收获最佳效果。足以说明：在需要创新时，常规思维方法不仅不能解决问题，还会束缚人们的思路，影响人们的创造性。这时，如果善于转换视角，从相反的方向去思考，也就是采用逆向思维方法，往往会产生超常的构思和新观念。

在思维过程中，需要合理想象与创造性思维相结合，只有这样，人的认识能力才能更上一层楼，认识成果才会不断增加。而创造性思维的一个特点就是敢于打破常规，进行逆向思维。人的每一种行为，每一种进步，都与自己的逆向思维能力息息相关，离开了逆向思维，很多事情都难以办成。

我国香港一家生产胶水的小公司，经过全厂职员的不懈努力，研制出了一种新型胶水，叫“最强力万能胶水”。这种胶水黏性很好，为了使这种胶水被人们所了解和购买，公司没有像其他厂家那样，把自己的产品登在报纸上或在电视中大肆宣传，而是独辟蹊径，想出了一种出奇制胜的推销方法：他们把几枚价值数千港元的金币用“最强力万能胶水”粘贴在墙壁上，并且宣布谁能徒手把金币抠下来，金币便归其所有。

消息传播开来，立刻引起港人的极大兴致。一时间，该公司门庭若市，观望者、想一试身手者如潮水般涌来。许多自命不凡的“大力士”自以为能“力拔千金”，得到这笔意外之财，然而费了九牛二虎之力，也只能“望币兴叹”。甚至有位拳击高手也跑来凑热闹，结果也是乘兴而来，败兴而归。

这下，人们议论开了，都知道这几枚金币是由一种“最强力万能胶水”粘在墙上的。从此这种胶水销路大畅，没有几年，公司的利润就高达数百万美元。

成功之道，本来就有两种：一曰顺受，二曰逆取。当自己不能顺利地获得成功的时候，不妨试一下逆取，也许会取得意想不到的结果。保健品“交大昂立一号”的成功之处就在于运用了逆向思维：当所有的保健品都在宣传怎样增加营养的时候，“交大昂立一号”却大唱反调，反“入”为“出”，独创性地大胆提出“清除体内垃圾”的保健新观念，从而一举成名。

**• 思维破局 •**

逆向思维作为通向成功之路的一种捷径，它缩短了行动与目标之间的距离，常常是成功人士发掘机遇，牢牢把握机遇的窍门，它匠心独具、别出心裁，往往能为你实现理想作出独创性的贡献。

## 打破惯性思维，获得全新见解

在思维的过程中，并不是只存在一条思维道路，如果只使用一种方式去思考，就会形成惯性思维，固守陈规、难以突破。对客观事物要向相反的方向分析、思考，在创造活动中，运用逆向思维方法，有时能够得到出奇制胜的独特效果。

正向思维是每个人都具备的思考模式，但逆向思维却是许多人没有注意到的，这就使得人与人之间的思维水平出现了差距。正向思维反映了人的正常思维，而逆向思维在一定程度上会给人一定的启示，从而对探索新方向起到很大的推进作用。

逆向思维作为一种重要的创新思考方法，有着广泛而显著的实用意义。对待某些特殊问题，如果你不满足于只是重复别人的思路，而是努力寻求更广阔的思维空间，想有新的突破、新的创造，那就必须按照非常规思路，也就是用逆向思维去重新考察问题。

华罗庚是世界著名的数学家，他的成就遍及数学领域的很多方面。他之所以取得这么大的成就，与他极强的逆向思维能力是分不开的。华罗庚在思维活动中对任何事物都提出质疑，对人们公认的现象、天经地义的事理、权威人物的高论，敢于打破传统的惯性思维、敢于质疑，从不轻易盲从。华罗庚人生的最大转折就得益于他的逆向思维。

1930年，已经对数学有浓厚兴趣并开始了初步探索的华罗庚，虽是个初中毕业生，却对苏家驹在某刊物上发表的论文提出了质疑，他发现如果从论文的结论逆向思考，论文的逻辑是不严谨的，于是他撰文予以更正，从此踏上了一条通往数学殿堂的征途。所以，著名数学家王元后来评论道："华罗庚的这篇文章，对他的个人命运是决定性的。"

逆向思维是超越常规的思维方式之一。按照常规的创作思路，有时我们的作品会缺乏创造性，或是跟在别人的后面亦步亦趋。当你陷入思维的死角不能自拔时，不妨尝试一下逆向思维法，打破原有的思维定式，反其道而行之，开辟新的艺术境界。

“多一只眼睛看世界”， 打破常规，向事物的相反方面看一看，遇事反过来想一想，在侧向——逆向——顺向之间多找些原因，多问些为什么，多几次反复，就会多一些创作思路。在创造活动中，运用逆向思维方法，在人们的正常创意范畴之外反其道而行之，有时能够起到出奇制胜的独特效果。 王永志是中国载人航天工程总设计师，年轻时曾以创造性思维解决了我国第一枚火箭发射的关键问题，受到科学家钱学森的赏识。

那是1964年6月29日，王永志大学毕业后第一次走进戈壁滩，执行发射我国自行设计的中近程火箭任务。试验发射时，火箭射程不够，专家们都在考虑，怎样再给火箭肚子里添加点儿推进剂，无奈火箭的燃料贮箱有限，无法再添进燃料。正当大家绞尽脑汁想不出办法时，一个高个子的年轻人想到，既然不能加燃料，为什么不能从反向思考，减一些燃料呢，于是他站起来说：“火箭发射时推进剂温度高，密度就要变小，发动机的节流特性也要随之变化。经过计算，要是从火箭体内泄出600公斤燃料，这枚火箭就会命中目标。”大家的目光一下子聚集到这个年轻的新面孔上。提出此见解的是在座的军衔最低的中尉王永志。有人不客气地说：“本来火箭射程就不够，你还要往外泄燃料？”于是，再也没有人理睬他的“不合理”建议了。王永志并不就此罢休，他想起了坐镇酒泉发射场的技术总指挥、大科学家钱学森。于是在临射前，他鼓起勇气走进了钱学森的住所。当时，钱学森还不太熟悉这个“小字辈”，可听完了王永志的意见，钱学森眼前一亮，高兴地喊道：“马上把火箭的总设计师请来。”钱学森指着王永志对总设计师说：“这个年轻人的意见对，就按他说的办！”果然，火箭泄出一些推进剂后射程就变远了，连打三发火箭，发发命中目标。

当火箭射程不够的问题出现后，王永志面对问题的思维方式与别人不同，他从反面去思考，认为减少燃料能增大射程，这是出人意料的想法。然而，这看起来违背逻辑的想法居然解决了难题。显然，从事创造性活动离不开创造性思维的应用。借助创造性思维，人们可以对事物的发展进行前所未有的思考。

## • 思维破局 •

逆向思维需要的是反过来想，突破顺向思维的逻辑模式，获得突破性的效果。我们学习逆向思维方法就是要形成一种观念，即在思维的过程中，并不只是存在着一条明显的思维道路，对客观事物要向相反的方向分析、思考，这样可以改变传统的立意角度，产生全新的见解。

# 山穷水尽，不如试试反面思考

任何事物都不是孤立存在的，都与周围的事物有着这样或那样的联系。同一个事物，联系周围不同的事物去观察思考它，往往能够柳暗花明。任何事物都是客观世界中的一个环节，顺着常规的思路走，你可以看到大多数人都能看到的结果。逆着常规的思路思考问题，常常会在山穷水尽之后迎来柳暗花明。

生产玩具的厂家，其设计一般都追求色彩鲜艳、造型美观，但市面上好看的玩具太多了，无论再怎么精心设计，都很难打开销路。然而美国鬼才公司却设计了一种外皮皱巴巴的丑陋的玩具狗，是一种风格迥异的丑，丑中还透出一丝憨态，这种一反常态的构思，引起人们的猎奇心，觉得花几个钱抱一只奇异的狗回家是值得的。不出所料，皱皮狗成为市场上的畅销产品。逆向思维为什么有效？因为事物有众多不同侧面，从不同的角度分别去观察，自然会得出不同的结果。即使是对同一事物的同一侧面，从不同的角度去观察、思考它，也会产生认识上的差别。突破常规思维，从另外的角度进行思考，就会产生意想不到的效果。

科学家兰米尔采用逆向思维法，发明了充气电灯泡。当时的电灯泡有个致命的弱点，钨丝通电后很容易发暗，使用不久灯泡壁就会发黑。一般人按常规思维都认为要克服这个毛病必须进一步提高灯泡的真空度，减少灯泡内的气体，防止氧化，但真空度太高又会对灯泡壳的材质要求更高，在众人苦苦思索的时候，兰米尔的想法却与众不同。他不是去提高灯泡的真空度，而是采用充气法，他分别将氢气、氮气、二氧化碳、氧气等充入灯泡，观察和研究它们在高温低压下与钨丝的作用。当他发现氮气有减少钨丝蒸发的作用时，便断定钨丝在氮气中可以延长工作时间。1928年，他由于充气灯泡的发明而荣获帕金奖章。

事物存在发展的各种可能性。一般人大都着眼于事物发展比较明显的角度，即常规角度，而易忽略非常规角度。思考活动要有所创新，常常需要有意识地摆脱常规角度，而采取非常规的角度——特别是注意和捕捉事物发展趋势中的不明显可能性。有的可能性看起来很不明显、很难实现，但在特定条件下却常常会出人意料地成为现实。

在创新活动中，单一的视角往往没有出路。为此，我们必须学会适时地转换视角，从不同的视角去观察事物，以找到新的突破口。由于这种思维方式灵活多变，能出奇制胜，所以往往能取得意想不到的成功。这种事例在日常生活和工作中有很多，如电影放映员普洛米奥对自己在电影放映中出现的错误，通过将错就错地探索思考与实际努力，竟然使它成为一种电影拍摄的“倒摄特技”。

巴黎某电影院在放映一部名叫《拆墙》的电影时，由于放映员普洛米奥在放映前没有倒片子，使得片中所表现的“一堵危墙被推倒在地”的情节，在银幕上出现了相反的情景：一堵被推倒的墙，又从残垣断壁中重新立了起来。这一意外错误引起了普洛米奥的思考，他想：这是否可以成为一种新的拍摄技术呢？后来，他配合摄影师在一部名叫《迪安娜在米兰的沐浴》的电影中，有意识地运用了倒摄的方法，使观众在银幕上看到，跳水女郎的一双脚先从水里冒出来，然后倒着翻转180°，最后又轻轻松松地落到了高高的跳板上，这种全新的拍摄手法引起了全场观众的热烈掌声。从此以后，倒摄就成了电影拍摄中的一种被普遍采用的新技术。

在工作中善于运用逆向思维，就会多一个解决问题的方法。不同的文化、行业都有自己看世界的方式。新的观念、好的主意常常来自冲破那些习惯而成的创新思维中，把目光投向新的领域。正如新闻记者罗伯特·怀尔特所说：“任何人都会在商店里看时装，在博物馆里看历史。但是具有创造性的开拓者却是在五金店里看历史，在飞机场上看时装。”

## • 思维破局 •

逆向思维是从另一个角度看问题，可以让人们豁然开朗，在困境中找到安慰，在得意时看到不足。无论从事何种行业，只要善于思考总会发现新的天地。尤其是那些身陷困境的人，更要开动脑筋，大胆思考，敢于走前人没走过的路，才有可能从“山穷水尽”走到“柳暗花明”。

## 得当的逆向思考是解决问题的撒手锏

打破正常的思维方法，从问题的另一面着手会获得意外的收获。在长期的实践中，逆向思维帮助我们解决了很多难题，创造了很多新事物：传统的汽车材料都是金属的，但金属价格高，太沉重，能否用非金属材料制造汽车呢？于是有人发明了全塑汽车；电烙铁的电热丝都是放在烙铁芯的外面的，称外热式电烙铁，但这样存在安全隐患，根据逆向思维有人发明了内热式电烙铁，将电热丝放在了烙铁芯里面；一般的拆毁旧建筑物都采用炸药爆破，速度很快，但噪声、灰尘及震动会造成扰民并有一定危险，逆向思考一下，慢速爆破是否可行呢？于是有人发明了静态爆破剂，将其加水搅拌后封入钻孔，爆破剂与水起化学反应产生巨大的膨胀力，将物体破碎，且具有无噪声、无灰尘、无震动等优点……

既然逆向思维在科学研究、日常生活中用途广泛，我们不妨学着逆向思维，突破常人的思维定势，不迷信权威，换一个角度，从相反方向，相反途径去思考问题，这样也许会取得意想不到的效果。

一家烟草公司生产了一种“环球牌”香烟，他们派出一名推销员到某海湾旅游区去推销。由于这个地区的香烟市场早已有了不少名牌香烟，因此采用常规方法将难以打开市场。

于是，这位推销员转换了视角，从另一个角度出发，请人制作了许多大型标语牌，竖立在一些不准抽烟的公共场合，标语牌上醒目地写道：此地禁止吸烟，连环球牌也不例外。这些标语牌激发了游客们的好奇心，于是环球牌香烟很快就在这个地区打开了市场。

以上逆向思维创新成果的实例告诉我们：打破正常的思维方法，从问题的另一面着手能帮助你解决问题。逆向思维有可能会使你产生曲径通幽、豁然开朗之感，并最终达到柳暗花明之境。

就实际情况而言，逆向思维含义很广。一方面，凡是不按正常方向去思考，而是逆方向去思考的另类思维、颠倒思维、变通思维等，都可以称为逆向思维；另一方面，逆向思维又是指对某一事件、某一习惯看法、某一个问题作单独的反方向思考，以求有新的突破。我们去注意和思考问题的另一面，有助于我们更全面、更深入地思考和挖掘事物发展的本质规律，为成功找到捷径。

有一位做高档皮衣生意的老板，他在北京有个几百人的工厂，生产的皮衣品牌年年列入全国销售排行榜前几位。皮草行业竞争非常激烈，曾经有一个富商投入了1000万准备做个皮装品牌，结果不到一年，钱全打了水漂，富商苦恼万分，不知道如何解决销路不好的问题。于是，那个富商慕名前去拜访他，求教成功的秘诀。他微笑着说：这属于商业机密，不能透露。

后来有一次这位老板喝了点酒，一高兴就对朋友们道出了他成功的秘诀：在公司里，客服部是专门联系给顾客修理皮衣的部门，他发现哪一个款式返回维修得最多，就马上命令车间开足马力生产这种款式。如果某种款式一件返修的都没有，即使利润再高，也得马上停产。朋友们没有一下子明白过来。于是老板问："你们是不是最爱穿自己喜欢的衣服？""是啊。""穿的次数多了有些地方会不会坏掉？""是啊。""坏了之后你会怎么办？""扔掉或者重新买一件啊。""如果它价钱很贵而且还是你最喜欢的款式呢？"朋友们豁然开朗："修一下坏的地方不是照样能穿嘛！"

买得起皮衣的大多是一些手头宽裕的人，那件皮衣如果他不喜欢的话就算是有点贵也不至于送回厂里去修。既然肯送回来修，那不是特别钟情这件皮衣还是什么？那位把皮衣生意做得很成功的老板就是靠逆向思维牢牢把握住了市场的脉搏和消费者的心理，所谓成功的秘诀就是这么简单。善于改变自己的思路，就可以巧妙地解决一些我们正常思维所不能解决的问题。

**• 思维破局 •**

正思与反思就像一对翅膀，不可或缺。习惯于正向思维的人一旦具备了逆向思维，就会如虎添翼，大大提高学习和工作的效率。当然，逆向思维的应用也要得当，应用得当才能事半功倍，反之则适得其反。总之，逆向思维是一种科学的思维方法，在大部分人都处于正向思维的思维定式之中，逆向思维就更值得强调。

## 颠覆思路，豁然开朗

问题的产生和解决，都必须有一定的条件。如果我们针对某一问题，采取改变条件即“条件颠倒”的方法，必然会引发出对事物的新的认识，或认识事物的新方法来。逆向思维又叫反向思维，是指一种与正常思维取向相反的思维形式。如果多数人考虑问题是以自我为出发点，那么以他人为出发点考虑问题就是逆向思维；如果多数人考虑问题以现在为出发点，那么以未来为出发点考虑问题就是逆向思维；如果多数人对某一问题持肯定意见，那么持否定意见的就是逆向思维，反之亦然。

由此可见，这个世界上并不存在绝对的逆向思维模式，当一种公认的逆向思维模式被绝大多数人掌握并应用时，它就变成了顺向思维。

逆向思维在各种领域、各种活动中都有其适用性，这是因为对立统一规律是普遍适用的，而对立统一的形式又是多种多样的。有一种对立统一的形式，相应地就有一种逆向思维的角度，所以，逆向思维也有无限多种形式。如性质上对立两极的转换：软与硬、高与低等；结构、位置上的互换、颠倒：上与下、左与右等；过程上的逆转：气态变液态或液态变气态、电转为磁或磁转为电等。不论哪种方式，只要从一个方面想到与之对立的另一方面，都是逆向思维。逆向思维是一种比较特殊的思维方式，它的思维取向总是与常人的思维取向相反，人弃我取，人进我退，人动我静，人刚我柔等。

我国著名的速算专家史丰收，在上小学的时候就产生了这样的想法：数学演算为什么一定要从右到左，从低位数开始呢？计算法不能像读书写字那样也从左到右，从高位数开始吗？为此，他长时间地沉浸在这个将计算过程进行颠倒的问题中，通过不懈努力，终于创造了驰名中外的史丰收速算法。

人们习惯于沿着事物发展的正方向去思考问题并寻求解决办法。其实，对于某些问题，尤其是一些特殊问题，从结论往回推，倒过来思考，从求解回到已知条件，反过去想，或许会使问题简单化，使解决问题变得轻而易举，甚至因此而有新发现，创造出惊天动地的奇迹来，这就是逆向思维的魅力。

逆向思维为什么有用？因为生活当中不仅有常规情况，也有非常规情况，非常规的情况只能用非常规的办法来解决，逆向思维常常能提供特殊的办法。一艘船被撞了一个大洞正处于危急之中，常规的办法是把洞口堵住，可是海水压力太大堵不住。你看，有人急中生智，用一把伞由内向外撑开，靠海水的压力堵住了洞口。

通过分析总结我们认为，条件颠倒是创造发明的一种行之有效的方法。事物的存在和发展、问题的产生和解决，都需要一定的条件。

1927年，德国乌发电影公司摄制了世界上第一部太空科幻故事片《月球少女》。在拍摄火箭发射的镜头时，为了加强影片的戏剧效果，导演弗里兹·朗格想出了一个点子：将顺数计时1、2、3发射，改为3、2、1发射！这一颠倒的发射程序竟引起了火箭专家的极大兴趣。经研究，专家们一致认为这种倒数计时发射程序十分科学，它简单明了、清楚准确，突出了火箭发射的准备时间逐渐减少的紧迫感，使人们思想高度集中。从此以后，火箭或导弹发射都采用了倒数计时的程序。朗格用逆向思维的方法，以退为进，无意间创造了一种新的表达方式。

事物起作用的方式是其基本属性，同事物本身的性质、特点与作用有机地联系在一起。为了达到某种效果，采取一定的措施，使某一事物起作用的方式有所改变，那就可能会改变该事物的性质、特点或作用，也相应地产生符合人们需要的某种改变。

• 思维破局 •

逆向思维体系中的条件颠倒法的实际应用，给我们的启示是：只有敢想、肯想、多想，勇于从新的视角挑战问题的人，才有成功的可能。条件颠倒作为一种创新思维，将引领我们在面对某些复杂的问题时，学会反向思考，通过改变过程达到创新、超越。

## 换个角度看，缺点也能变优点

人们往往习惯性地只开发事物的优点而忽视它们的缺点。这在一定程度上影响了创造性活动。如果我们能换个角度去看某一事物的缺陷，往往就能化腐朽为神奇。

追求完美是人的天性，但习惯性地只开发事物的优点而忽视它们的缺点，就给我们全面认识事物、准确把握事物发展的本质规律带来了障碍，在一定程度上影响了创造性活动。如果我们能反其道而行之，换个角度看某一事物的缺陷，往往会让你耳目一新，收获意想不到的效果。

例如，大风是一种气象灾害，然而创新者却利用它进行风力发电；噪声是激光陀螺的一种干扰信号，但人们却利用噪声场与地磁场的关系来测量大地磁场，开辟了激光陀螺的新用途；恶臭冲天的皮革厂废料渣是污染环境的一大公害，而人们却利用它制造出了厌氧发酵沼气池……这些都是利用事物的缺陷的典型范例。这种方法并不以克服事物的缺点为目的，相反，它是将缺点化弊为利，进而为人类服务。

一次，德国某造纸厂的一位技师由于疏忽大意，忘记往纸浆中加胶，结果生产出了大批不能书写的“废纸”。正当他等着被老板解雇时，一位朋友建议他研究一下这样的纸有没有别的用途。于是，这位技师对这批纸进行了反复琢磨，最后发现这种纸的吸水性极强，溅在这种纸上的墨水很容易被吸收。他便将这种纸作为一种专供书写后吸干墨水用的“吸墨水纸”出售，竟大受欢迎。后来这位技师还申请了专利，成了大富翁。

纸浆中忘加胶，做出来的纸如果用来写字，一画一个墨团，不会有任何价值；同样，质量上乘的纸如果用来吸墨水则成了“大材小用”。

技师在朋友的指点下，转变了思维方向，结果取得了成功。生活当中常常会遇到各种问题用常规方法不能解决。换个角度思考，也许会提供新的思路，找到新的办法。对广告而言，比较多的都是从正面夸耀产品的优点，从反面对自己产品的缺点进行揭露的广告是很难见到的。然而，有一家牛奶公司的广告却与众不同。他们做了一则揭露自己产品缺点的广告，说某一次，由于某个微量元素不太理想，因此他们把这批牛奶停止出售并进行了处理。这是一种逆向创意的广告。此广告发布不久，便赢得了许多消费者的信赖。

患和利，是一对矛盾，普遍存在于社会的各个领域。而在商场中，由于存在着经营者之间、经营者与商品之间、经营者与消费者之间、生产与销售之间、质量与价格之间极为复杂的联系，所以，制约患与利的因素也就更为复杂，“以患为利”思想在做生意中也显得格外重要。生意人能否在竞争中发现隐患，能否在隐患中找出有利因素，能否把隐患转变成有利的条件等，直接关系着自己的生存与发展。商业竞争中的成功者善于通过自己的主观努力，把不利条件转变为夺取最后胜利的有利条件，即转患为利，转败为胜。

1885年，亚特兰大市面上出现了一种具有兴奋作用的健脑药汁，这便是美国最初上市的可口可乐。但这种健脑药汁的销量很低，药剂师潘伯顿非常焦急。有一天，一位头痛难忍的病人请求服用健脑药汁。店员在配药时，本应向瓶内注入自来水，却误注了苏打水。病人一饮而尽，待店员醒悟过来，不知所措时，病人的头痛却止住了，店中人禁不住连声称奇。潘伯顿颇受启发，立即往健脑药汁中加入一定量的苏打水，并在“包治神经百病”的广告旁边，添上了“芳醇可口、益气壮神”等赞语。可口可乐奇迹般地从一种药剂，摇身一变成为风行世界的上等饮料，且销量与日俱增。

可口可乐的成功看起来是缘于工作中的失误，而在这意料之外，实际上也蕴含着必然，那就是他们都善于从另外一个角度来思考问题。如果我们只从一个方向考虑问题，路子只会越走越窄，甚至还会走入死胡同。这时，我们不妨换个角度来想一想，或许会有意想不到的收获。因此，价值观念会影响人们观察问题的视角。而在科学研究中，价值观念的转变往往就意味着创新。

## • 思维破局 •

美国商界有句名言：“倒了牌子的名牌产品要想东山再起，就像下台总统希望重入白宫一样绝无可能。”但是只要巧用“以患为利”，便仍然可以挽回局面。只有懂得运用逆向思维，才有可能化缺点为优点，化弊端为有利，在绝望中找到希望，取得出人意料的胜利。

## 逆向思维，获得超越于常规的发展

逆向思维作为思维的一种方法，常常能提供特殊的解题途径。逆向思维是一种很重要的思维方式。逆向思维也叫求异思维，它是对司空见惯的、似乎已成定论的事物或观点反过来思考的一种思维方式。敢于“反其道而思之”，让思维向对立面的方向发展，从问题的反面进行探索，树立新思想，创立新形象。

逆向是相对于正向而言的，正向是指常规的、常识的、公认的或习惯的想法与做法。逆向思维则恰恰相反，是对常规的挑战，它能破除由经验和习惯造成的僵化的认识模式。因此，逆向思维的结果常常令人大吃一惊，喜出望外，另有所得。

成就一个企业需要创造性思维，也就是逆向思维。同样的，要完成一件事情，或者说要说服别人也是需要这种思维方式的。我们常说的，大家想不到，你想到了，就成功了。所以要动动你的脑子。在实践中欲解决问题，往往不只有一个答案、一种途径和一个解法，可以说是“条条大路通罗马”。在新变革的挑战面前，我们切不可拘泥于已有的条条框框和过去的经验，必须使我们的传统认识得到进一步的检验与发展。

生活中的事情常常如此：T恤衫反过来穿，便成了时尚与前卫的代言；琵琶反弹，成了古典画卷里最经典的造型；直立行走的文明人类，殊不知倒立是很好的健身方式，它能有效地加快血液循环……如果我们经常逆向去思考问题，相信我们的思维会放射出更多灵感的火花，我们的生活也会因此获得超越常规的发展。

在非洲的坦桑尼亚，有大片的森林和草原，阳光充足、雨量充沛，是一个适合各种动物栖息的理想家园。但是坦桑尼亚的动物园仍然举步维艰。如何开发和保护这里得天独厚的自然条件？如何使动物园摆脱依靠政府补贴的境况？这些都是令每一位动物园管理者头疼的事情。

有一天，动物园的一位工作人员从监狱路过时得到了启发，为什么不把人和动物的角色互换一下呢？即把动物园的动物从笼子里面放出来，而把人放到笼子里面去。这样，动物有了更大的活动空间，还原了它们在大自然中的活力。游客在汽车里面观赏动物，也就会更加兴趣盎然了。他的这个建议立即得到了采纳并付诸实施。于是，人们看到了大摇大摆向车窗里面张望的老虎，在森林里优雅漫步的大象，成群结队在草原上自由驰骋的野马，睡醒之后伸着懒腰的狮子…… 此招一出，果然一鸣惊人。从世界各地来感受真实的动物园的游客络绎不绝，从此，坦桑尼亚的动物园名声大噪。

坦桑尼亚动物园的这种逆向思维的思考方法，巧妙地把动物和人的角色进行了互换，迎合了观众要看更真实的动物和猎奇的心理。回归自然的动物，更能吸引游客，动物园因此也获利颇丰。

## • 思维破局 •

运用逆向思维来思考和处理一些特殊事情，可能会达到出奇制胜的效果。逆向思维具有挑战性，常能出奇制胜，取得突破性的解题方法。因此，要想成功，就不要跟随大势，要逆势而为，打破常规，另辟蹊径，这样才能出其不意地获得超越常规的发展，取得成功。

# 第05章

# 颠覆思维，往往能获得不同寻常的成果

## 你以为的误入歧途，可能是你的一片坦途

我们在思考问题的时候，很容易陷入误区。这时，你也许会以为，自己无药可救或自己的前程已经暗淡无光，以至于灰心失望。其实，完全没有必要这样。表面看来，你是误入歧途，但实际上是你没有看到“误区”内的亮光。思维的确容易陷入误区，但是如果你不绝望，总能找到出路，力转乾坤，把歧途变为坦途。如果在思维的误区内徘徊不定，犹豫不决，你就会陷进误区不能自拔，失去大好前程。

误入思维的歧途，不要慌张，因为这样很容易让你心无所依，茫然失措。仔细寻找一下导致你误入歧途的原因，你就会发现，其实事情没有你想象得那么糟糕，或许此时的歧途是重要的转机。认真分析形势，找到事情的转折点，解决目前存在的问题，你就会逐渐走上正轨。如果误入歧途后，焦虑紧张，甚至悲观失望，即使事情有所转机，你也不能抓住良机，改变目前的状况，从而转入正轨。如果你对前途充满了憧憬和渴望，在误入歧途后，就不会心灰意冷，怨天尤人，你会尽力找

到导致自己误入歧途的原因，稍作整顿，为以后的前程做好长远的打算。

冯欢为了考出好成绩，经常找好几个版本的习题集来做。这样一来，她每天的学习任务很繁重，学习时间很紧张。每天要花费10小时的时间学习，这使她感到非常疲乏。同学们看她累得不行，就劝说她不要那么辛苦。但是冯欢想到父母的殷切希望，一分也不敢懈怠。一个学期过去了，冯欢出现了严重的神经衰弱，正常的课堂学习也不能保证。

医生给她提出了几点建议，让她好好休息。老师也对她的情况进行了分析，觉得再这样下去，她的身体非垮了不可。冯欢有点悲观，觉得自己用心学习是正道，玩和休息是歧途，给自己的学习加压有错吗？

认真思考后，冯欢还是听从了医生的建议，她把自己的学习时间减少了1/3，并把所做的习题进行了分类规整，挑选出一些典型的习题进行练习。这样，既保证了学习不落人后，又给自己留出了休息时间，让自己能尽快恢复健康。

所以，当我们陷入思维的误区时，紧张或焦虑只会让人失去信心。调整好自己的心态，及时地分析失误的原因，找到问题的症结所在，解决问题，你就能逐渐走上正轨，前景将会是一片光明。

**思维破局**

误入思维的歧途并不可怕，可怕的是你失去矫正它的勇气。颓废、灰心的情绪要不得，它只会让你心情抑郁，悲观失望。因此，误入歧途，要有截断它、矫正它的勇气，这样，你的生活、学习或工作才会洒满明媚的阳光，你才能发出欢乐的笑声。

## 颠覆固定思维，无须担心别人不相信你

固定的思维会使你进入固定的套路，无论是做事还是说话，你都会按照固定的思维模式去做。固定思维很容易在人们的心里生根发芽，根深蒂固。要改变它，需要你有很大的决心和勇气。虽然你心里极不情愿，但是一旦固定的思维方式不能适应实际的需要，到了非改不可的地步，你就要坚决果断地去改变它，不能有丝毫的犹豫。这就是让你颠覆自己旧有的思维，发展创新，拥有新的思维。有人担心，别人已经习惯了自己以前的思维习惯或说话方式，如果自己颠覆以前的思维，别人会不会相信自己，其实，这种担心完全没有必要。只要坚持去做，创造出新的思维，别人才会相信你。

有的人习惯于固定的思维，无论是在学习还是工作中，他们喜欢按照一定的招数去做，这固然能取得一定的效果。但是当自己的思维已经不能适应现实的需要时，你就需要当机立

断，勇敢地颠覆旧有的思维，否定以前的做法，积极动脑，重新开始。沉溺于旧有的思维，你就会成为“套子里的人”，无形之中就给自己套上了枷锁，不能给自己以十足的自由。这很容易使自己失去自我，失去创新的能力。没有了创新的思维，就如一潭死水，这无疑会把自己逼上绝路。对别人心存疑虑，过多地担心自己不被别人信任，那只是杞人忧天，只能给自己的思想增加负担。只有勇于颠覆思维的人，才会有新思想、新发明、新创造。

小陈是一家公司的工程师，按照他的设计图制造的生产设备很受厂家的欢迎。长时间的钻研，使他有了固定的思维模式。随着新技术的应用，对生产设备的要求也越来越高。为了适应新形势的需要，小陈推陈出新，按照自己的思路设计出一套新的图纸，希望能生产出一种新颖的设备。但是，当他把想法告诉自己的朋友时，朋友却不相信他，劝他不要痴人说梦。

受到打击的小陈并没有一蹶不振。他主动和几个厂家联系，给他们讲解自己的构思，机器的构造以及这款机器造出来对厂家的利益。几个厂家负责人经过研究，又给他提供了一些建议，小陈对设计图进行了修改，之后，几个厂家负责人积极和他合作，一台新款机器问世了。

新机器投入试运营后，明显地降低了成本，提高了效益。小陈不仅赢得了厂家的信任，就连最初不相信他的那位朋友也对他大加赞赏。这让小陈明白，只有敢于颠覆自己固定的思维，打破旧有的传统套路，才能有新的突破，才会赢得别人的信任。

勇于颠覆固定思维，敢于创新的人，才能取得成功。别人的嘲笑和不信任只是暂时的，不要被一时的怀疑所阻碍，踏踏实实地走自己的路，推开旧思维的羁绊，不断摸索，不断创新，最后成功的一定是你。事例中的小陈，就是勇于颠覆固定思维的人。即使最初受到朋友的怀疑，他依然能坚持下去，所以才取得了最后的成功。

• 思维破局 •

能够颠覆自己固定思维的人，是令人佩服的。正是他们，推动了社会的进步，促进了社会的发展。如果在意他人的嘲笑、狐疑，你就会止步不前，也不会取得较大的成绩。冷静地对待他人的嘲笑、讥讽、怀疑，坚持不懈，相信自己，成功就会属于你。

## 不被权威吓倒，大胆假设并小心求证

我们在处理事情时，总会设想一些解决的方案。如果事情已经有所定论，但是与我们的想法或思维以及真实情况不符合时，我们也许会迟疑不决、左顾右盼，希望按照自己的意愿来行事。这种愿望固然美好，但是在你试图改变事情的发展方向时，常常会遇到一些权威人士的阻挠。这些权威人士唱着高调，大肆宣扬他们的观点是不可改变的。面对此种情况，有的人可能会慑于这些权威人士的威望、声誉，不敢吱声，更不用说坚持自己的观念，做出颠覆性的假设。不仅如此，他们还会随声附和那些权威人士，自己的尊严也会在那一刻一点点泯灭殆尽。其实，不被权威吓倒，大胆做出颠覆性的假设，以正确方式行事，才能使事情得以顺利进行。

但现实是，有许多人在发现事情进行中的阻碍之后，心中已经有了解决方案，但就是不敢表达出来，不能说出自己解决问题的方法。究其原因，就在于他们担心自己的想法与权威发生冲突，既解决不了问题，也许还会受到权威人士的指责。一旦脑子里有了这种想法，就会闭口不言。即使别人征询他的意见，他也会唯唯诺诺，说不出所以然。只有不畏权威的人，才会勇敢地面对现实，以有力的说辞，推翻原有的理论。他们勇于做出颠覆性的假设，以自己的新观点阐明如何解决出现的各类问题，从而推翻原有的观点、理念。能够做到这一点的人，为数并不多。因为他们在做出颠覆性假设后，需要考虑到事情的后果。这就需要有足够的理由和强有力的观点来说服对方，相信自己的理论，实施自己的方案。同时，你还需要拿出最大的勇气和决心。

从事机器制造的小安接到了公司的一个任务，让他按照图纸制造出一台机器。小安看了图纸后，发现机器的设计图有些偏颇，如果按照图中给出的比例造机器，接缝不会那么紧密，造出来的机器就不符合标准。

但是，这张图纸是公司请来的专业设计师制作的。如果自己提出异议，可能会引起公司领导和那位设计师的不满，搞不好自己还会被辞退。可如果按照图纸进行制造，效果又不理想。

怎么办呢？经过再三思量，小安还是决定把自己的想法告诉公司领导，并指出了图纸中存在的问题。出乎意料的是，公司领导并没有表现出不满，反而称赞他为公司避免了一场大损失，并约来那位设计师与他一起讨论重新设计图纸。那位业界有名的设计师态度和蔼地接受了他的意见，随即通过精确计算，对图纸中的比例进行了重新调整。

当小安按照调整好的图纸造好机器后，经过检测验收，完全符合质量标准，他受到了公司的嘉奖。

不被权威吓倒，勇于推翻原有的理论，坚持自己正确的意见，方能解决问题。事例中的小安，不畏权威，勇于说出自己的看法，这才为公司避免了巨大的损失，也为自己带来了一定的利益。

## • 思维破局 •

如果慑于权威，就不敢做出颠覆性的假设，也不能表达出自己的见解。即使有了新的思维，新的见解，也只能藏在内心，难以示于众人。所以，遇到问题的时候，不畏权威，按照自己的思维方式把独特的见解表达出来，才能把事情做得更完美。

## 大胆一点儿，从“旁门左道”展现身手

不是所有人的人生都是一帆风顺的。在漫长的学习或工作中，我们会遇到各种各样的困难。面对困难，不退缩，勇往直前，就能解决一个又一个困难。如果在困难面前畏畏缩缩，不知所措，甚至连想都不敢想，困难就会困扰你的思维，成为你心灵的负担，使你感到压抑难忍，痛苦不堪。要走出这种困境，就要大胆假设，从多方面思考对策。有时候一些“旁门左道”，往往会成为你解决困难的好办法。

很多人习惯按照正常的思维方式来考虑问题，虽然也可能会收到较好的效果。但是，一旦这些正常的思维方式在处理事情的时候也失去效用时，“旁门左道”就会显得非常重要。在平时，那些“旁门左道”也许并没有引起我们的重视，可能还受到了我们的鄙视。但是，在不能按照正常的思维方式解决困难的紧要关头，“旁门左道”就会大显身手。大胆假设，不要顾忌太多，不管是成功还是失败，都要奋力拼搏。这首先要求我们敢想，敢做！如果连尝试一下的想法和勇气都没有，你就

只能做一个失败者。

陈宇是一家公司的总经理，如何管理好员工，提高公司的效益，是他经常考虑的问题。但是最近，公司的效益在逐渐降低，他决心找到问题的所在。在对员工进行的测评中，他发现，员工的整体素质并不低，并且这些员工都是在自己的工作岗位上兢兢业业地工作着，没有怠工现象。那么，是什么导致了公司的效益逐渐降低呢？他急切地想知道问题的根源。

通过和老员工的交谈，陈宇才知道，问题并不出在员工身上，而是出在设备上。公司所用的设备已不能适应现有的生产规模和发展，更换新设备，成为首要问题。但是，更换新的设备，需要耗费大量的资金，除此之外，还要对员工进行新技术的培训，这又是一笔巨大的开支。对此，陈宇忖思了很长时间，也很难决定下来。如果不更换设备，公司的前景就岌岌可危。

经过深思熟虑后，陈宇决定放手一搏。在求贷无门的情况下，他向员工发起了筹集资金的倡议。能不能增加公司的效益，资金投进去能否再收回来，每个员工心里都在打鼓。陈宇为此多次劝说员工，员工被他的精神所感动，对公司美好的未来充满了憧憬。

筹集好资金，在引进新的生产设备的同时，对员工进行了新技术的培训。一切齐备，生产设备正式运营。一年内，公司的效益翻了一倍，陈宇和员工心里都乐开了花。

遇到困难，大胆假设，勇于尝试，美好的蓝图就会成为现实。事例中的陈宇，看到公司的效益逐渐降低，心中不免焦虑。在无资金更换新设备的情况下，他巧妙地运用了“旁门左道”，解决了工作中的实际困难。如果他不敢尝试，不能为员工描绘公司发展的美好的前景，他的设想也许就会成空。

**• 思维破局 •**

必要时，大胆设想，多想一些方法，即使是一些小技巧、小方法，也会给你带来许多益处。在遇到困难时，不妨运用“旁门左道”，让它在你处理事情时发挥作用，也许你会由此发现另外一片新的天地。

## 你需要有敢于违背旧规矩的思维能力

传统的观念，极容易深入人心，其根深蒂固，影响之大，使得我们很难撼动它。一些陈旧的观念、俗套的习惯往往限制了我们的手脚。很多情况下，我们是按照旧规矩做事、说话，我们的行动，完全沿袭着旧规矩、旧习惯，稍有出轨，就会被人看作异常、另类。迫于传统习惯及旧规矩的压力，我们常常按照已有的模式思考、生活、工作。这使得我们的思维逐渐退化，整个人看起来也是思想陈旧、不思进取。

旧规矩束缚人的思想，给人们的生活或工作造成了损失。生活因循旧规矩，我们就会感觉生活乏味、无趣；学习因循守旧，就不会摸索出新的学习方法；工作时抱着旧规矩不放，就不会有所改进，不会出现新的成效。因循守旧的人，不适应瞬息万变的社会，不会按照新的思路思考问题。若想有所创新，就要违背旧规矩，按照新的思维方式安排自己的生活、学习或工作，走出一条新路，生活才会变得阳光明媚，学习才会变得生动有趣，工作起来才会充满动力。这就需要我们具有敢于违背旧规矩的思维能力。这种能力不是与生俱来的，需要我们勇敢面对现实，打破旧的俗套，解放我们的思想。只有这样，我们才能按照自己的新思想做事，才能远离陈旧的观念。

销售员展景经过公司的培训后，很快上了岗，他主要负责销售化妆品。最初，他完全按照自己学到的销售知识去进行销售，但是，当他向顾客介绍化妆品时，却发现客户并没有多大的耐心听他讲述，有时甚至还很厌烦。展景屡屡碰壁，不免灰心，而其他的同事，业绩却很好。同样的培训，为什么反差这么大呢？

经过仔细观察，他发现，原来别的同事在销售产品时并不像他那样生搬硬套，而是针对客户的心理和需求进行销售。他决定改变一下自己的销售方法。当再次联系到客户时，展景并不急于向客户销售产品，而是和他们闲聊一些话题，当渐渐熟悉后，他话锋一转，话题引到了产品上，客户自然而然地和他聊起了产品。这样，展景就了解了客户的心理，弄清了客户需要的产品种类，他的销售工作很快就顺利进行了。

此后，他的客户源也在不断增加，公司统计业务绩效时，展景的业务成绩排在了前列，公司为他加了薪，展景的心里充满了喜悦。

违背旧规矩，用新思想思考问题，就能打破套路，突出重围。事例中的展景勇于打破旧有的销售方式，改用新方式销售产品，无疑是勇敢的。如果他继续沿袭旧规矩，照本宣科，就不会突破销售瓶颈，业绩也不可能上升。

**• 思维破局 •**

全然违背旧规矩，需要的是勇气和决心。如果在旧规矩面前徘徊不定，畏畏缩缩，没有创新，是不可能让生活变得美满，学习不再枯燥，工作事事顺心的。只有勇敢果断的人，才能冲破旧规矩的束缚，让新观念、新思想、新思潮深入人心。

## 启发思维，发现并找到自己能颠覆的事物

在工作或学习中，如果我们的思维活跃，在考虑问题时，经常会有一些灵活的方法在我们的脑海里显现，就会使事情得

到完美解决。但是我们也常常发现，如果思维局限，成为固定的模式，就会发生僵化现象。思维一旦僵化，就会墨守成规，使事情得不到顺利进展。此时如果不能走出困境，就会使你对一切失去兴趣。没有了兴趣，也就没有了前进的动力。所以，我们应设法从这种思维僵化的模式中走出来，推翻原有的思想，转换思维模式，在学习或工作中找到束缚思维的瓶颈，从更广阔的思维中得到启迪，认清自己所做的事情，这样，自己的思维才不会受到局限。

在学习或工作中受到启迪，找到自己能颠覆的事物，对于每个人来说，并非易事。这要求每个人有一定的目标。虽然目标大小不同，但是，只要你在实现目标的过程中，多动脑子，处处启迪自己，就可以找到自己能够颠覆的事物，在此基础上，重新拥有新的思维，你的学习或工作就会充满活力，而不至于僵化刻板。一个不善于推翻旧思想的人，是很难取得进步的。只有在不断推翻旧思想的同时，新的思维、新的方法才可能凸显出来，启发你在原有的基础上进一步改良自己的学习或工作方法。

雯雯是一个爱动脑子的学生。每次课堂上，她都认真学习，做课堂笔记，下课后又进行复习。对数学课程，她尤其感兴趣。对每道例题，她都会进行详细分析，然后思考自己的解题过程。为了学好数学，她做了大量的习题，逐渐摸索出了一套适合自己的解题思路。每逢考试，她都能按照自己的解题经验轻松应对。

但是，她的固定的解题思路使她的思维受到局限。考试题是灵活多变的，一成不变的解题思路已不能适应新题型。雯雯发现，自己在学习中遇到的阻力越来越大。有时，为了解决一道数学难题，她需要花费很长的时间，这样既费心又费时。能不能找到一种高效学习方法呢？她想。但是，要突破自己已有的固定思维模式，是很困难的。这让她很伤脑子。

如果按照她原来的固定思维走下去，后果可想而知。为了提升自己的学习能力，她还是决定奋起一搏。她把每个学期不同的数学习题进行了比较，又专门分析了考试时的题型，从中受到了一些启发，总结出了一些新的学习方法，她的思维也被打开，强烈的求知欲在心头弥漫。她果断地推翻了原有的思维模式，开始了一种全新的学习方法。在之后的考试中，她取得了骄人的成绩。

启迪自己，找到自己能颠覆的事物，你就会取得预期的效果。事例中的雯雯为了使自己有新的学习方法，取得学习上的成功，从学习与比较中得到了启发，果断地颠覆了自己以前的思维学习模式，总结出了新鲜灵活的学习方法，应用到平时的学习或考试中，取得了良好的效果。

## • 思维破局 •

虽然改变陈旧的、固定不变的思维方式很困难，但是如果没有新的活力，不能启发自己，使自己的思维方式变得灵活，就会墨守成规，其结果只能是自己被束缚在旧有的模式里，如此下去，困难就会接踵而来，给你的生活或学习带来阻碍。启发自己，从学习或生活中寻找闪光点，突破旧有的思维框框，你的智慧才会发出耀眼的光芒。

# 第06章

# 冷门思维，独辟蹊径
# 有时是成功的捷径

## 冷门思维，于无声处听惊雷

可以说，冷门思维是成功者最常用的武器之一。创业者要成功，就要有与众不同的思路。冷门思维常常是创业者首选的一种思路，这在许多成功者身上已经得到了验证。成功是有方法的，且促使成功的方法有很多。我们对一些成功人士的经历进行深入分析后，发现他们的思路与众不同，他们从不赶时髦，也从不追逐什么热点，但常常能获得成功。这些人就是靠一种与众不同的思路做大了他们的事业，成了百万、千万富翁。而这特别的思路就是冷门思维。所谓冷门思维，就是指专门从被市场冷落、遗忘的人或事物中寻找成功机会的一种思维方法。

我国香港著名企业家霍英东，当年就是靠冷门思维而逐渐发迹的。香港作为连接东南亚、大洋洲及西太平洋沿岸各国的重要商埠和东南亚地区重要的交通枢纽，建筑业发展速度很快。因此，建材市场非常火爆，但其中的海沙市场却很少有人问津。原因是从海底淘沙用工量太大、利润太少，所以企业家们很少光顾，由此在建材市场留下了一点空间。霍英东详细分析了该市场的需求潜力和发展前景，分析了改进作业方法、降低用工量、提高劳动生产率的可能性，作出了冷门入市的大胆决策。随后，他说干就干，派人到欧洲引进现代化的淘沙机船。这种大型挖沙船20分钟就可挖出2000吨沙子，沙子进船就近卸货，白花花的“银子”就到手了。被冷落的市场成了他的财源，淘沙船成了他的摇钱树，大堤成了他的聚宝盆。

很多人看到霍英东“发”了，急忙奋起直追，可是，已经晚了一步，此刻霍英东已经取得香港海沙供应的专利权了。

据调查，很多人都是依靠冷门思维发家致富的。有相当一部分的成功人士在起步时，可以说啥也没有，但是他们硬是靠冷门思维发现了商机，为自己找到了致富之路。为什么冷门思维有这么好的效果呢？原因有三：第一，冷门情况下竞争者较少。市场在火热时，人们会蜂拥而至，竞争十分激烈；而市场冷清时，问津者少，自然也就没有什么竞争。第二，冷门情况下，投入成本较低。市场冷清时，很多有价值的东西往往价格很低，100元的东西只卖10元、5元是常有的事，因此只要投入少量成本，往往就能获得较高的投资收益。第三，市场冷清时，可以有足够的时间让你去思考、去选择。通常市场一旦冷清下来不会马上转暖，因此，思考问题或选择投资项目、投资品种都可以从容地进行，这样失误相对就会减少，成功的机会就会增大。

冷门思维最大的特点就是有广泛的适用性，也就是无论什么人，也无论你从事什么行业，都有可能依仗冷门思维走上成功之路。

江西铜鼓县有一位农民，靠几亩薄田过着单调又贫困的生活，他也曾梦想着到外面去闯一番事业，但当他扛着铺盖到城里过了一段打工生活后，现实浇灭了他的梦想。他十分惆怅地回到了家乡。清明节的时候，他上山给祖先上坟，在下山途中，他在草丛中发现了一窝野鸡蛋，一数共有12枚。如果把它们煮熟，既可以作为一顿下酒菜，也可以填饱肚子。但闪念之间，他觉得这些野鸡蛋对他有非同寻常的意义。于是，他马上对这12枚野鸡蛋进行孵化，结果有8只雏鸡破壳而出；随后他又依靠其中的6只母鸡继续繁殖，两年下来，野鸡数量达到300多只。后来，这些野鸡被一位商人看中，商人竟然开出了两万元的高价收购，然而，他没有卖，并为此欣喜万分，这说明野鸡有市场，他的判断没有错。于是，他从当地的猎户手中大量收购各种活野鸡，对它们进行杂交和繁殖。就这样，野鸡的饲养规模不断扩大，野鸡成了周边地区的抢手货，并远销到广东、上海、北京等地，获利100多万元。

12枚野鸡蛋创造了100多万元的财富，这简直就是一个奇迹。在那个地区，谁都可以拥有12枚野鸡蛋，但发现野鸡蛋巨大商机的人却非常少，机会最后幸运地落在那个具有冷门思维的农民手里。

**• 思维破局 •**

冷门思维会给我们带来巨大的利益，会打开难得的机会之门。对于追求成功的人来说，机会是平等的，就看你愿意不愿意运用“思考”的武器，去发现机遇，把握机遇，攻克成功路上的难关。

## 见缝插针，市场空白是良机

在市场经济中，无论是繁荣，还是萧条，都有大量的发展机遇。巧妙地利用“市场空白”，不失为捕捉商机的绝佳方法。激烈的市场竞争中，“填空当”是一门大学问。俗话说“见缝插针”，寻找商机须有眼光和灵活性。别人横着站，你不妨侧身而立，利用好别人剩余下的空间，你完全可以站得更安稳牢靠。

长沙老板陈子龙被誉为“填空当”的专家，他的成功经验是12个字：人无我有，人有我专，人缺我补。这套经验是陈子龙在长期实践中摸索出来的。年轻时，陈子龙只是一个小商人，开着一家小副食品商店，由于实力薄弱，时刻面临着对手的挤压，几经风雨之后，陈子龙终于想出了“填空当”的妙招。

有一天，陈子龙来到自己开的分店，发现该店生意很不景气。经过了解，原来分店附近的一栋百货大楼，招徕顾客的手段高明，货源充足，有着许多优势，而他的分店在品种竞争、场地竞争等方面都处于劣势。鉴于这种情况，陈子龙决定利用自身“小”的特点去寻求发展，他注意到那家大商场的营业时间是早上9点到晚上8点，这使一些早出晚归的顾客想买临时需要的商品很不方便。于是，陈子龙调整了该分店的营业时间，将以前的“早9点～晚8点”改为从早上6点～10点和从下午3点～凌晨2点两个时间段，使营业时间基本上与那家大商场错开，这种与众不同的营业时间正好满足了那些早出晚归的消费者需求，起到了“补空当”的作用。陈子龙的商店不仅从商品品种，货源多少，顾客需求变化上进行考虑，而且注意在时间差、服务手段上突出自身的特点，尤其是别人不太注意的细微之处，他更是通过看、问、比、试，不断发掘可供自己利用的资源，使各家分店在不同的销售环境里勇于创新，不断吸引顾客，提高商店的声誉。凭着“填空当”这一招，陈子龙在夹缝中求生存，不断发展壮大，终于成为长沙屈指可数的大老板之一。

在市场经济中，无论是繁荣，还是萧条，都有大量的发展机遇，关键是要培养你的智慧，练就一双慧眼，另外还要有敢作敢为的冒险精神，巧妙地利用“市场空白”去捕捉商机。聪明的生意人总是不失时机地利用“市场空白”来完成资金的积累。从差异中捕捉机遇，从市场空白中找到财源，在全球一体化的大商圈中巧妙地利用时间差或空间差，去实现自己的致富梦想。

• 思维破局 •

在市场经济中，一直都有大量的发展机遇，关键是要培养你的智慧，在竞争激烈的夹缝中找到那些被人忽略的盲点，看准其中蕴藏的商机，果断出击，一跃成为财富新贵。

## 另类思维，跳出束缚你的框框

要想引领潮流，就必须成为一个另类思维者，只有另类思维才能让你有机会超越常人。要时时刻刻想着：“我如何跟别人不一样”，而不是“我如何与别人一样”。普通人常常习惯于追随别人的想法，并偏执地认为与大多数人想的一样不会错。但我们不会想到的是，当我们这么想的时候，我们忽略了一个重要的事实，那就是走别人没有走过的路往往更容易成功。走别人没走过的路，意味着你必须面对别人不曾面对的艰难险阻，吃别人没吃过的苦，也唯有如此，你才能够发现别人不曾发现的东西，到达别人无法企及的高度。这也就是说，有另类思维者更易胜出。

另类思维是对主流思想的扭曲，在扭曲中可以捕捉到平时不易觉察到的成功机会。扭曲主流思想的办法很多：上下倒转，站在它的顶端，从内部翻转出来，从后往前看，从侧面看，考虑相反方向等。很多人都有这样的体会：用现有的常规思维不大可能发展出新想法，因为它受到传统思维的束缚，跳不出固有的框框。因此，我们只有刻意把主流思想加以扭曲，采用看似“不合理”的方法改变现有的思路，这样才有可能捕捉到平常不易察觉的成功机会。

丹麦物理学家雅各·博尔不慎打碎了一个花瓶，但他没有一味地悲伤叹惋，而是俯身精心地收集起了满地的碎片。他在收集过程中，其思想、场景发生了扭曲变形，他不再按通常的做法将花瓶碎片收集了事，而是把这些碎片按大小分类称出重量。结果发现：10～100克的最少，1～10克的稍多，0.1～1克的相当多，0.1克以下的最多。同时，这些碎片的重量之间表现为统一的倍数关系，即较大块的重量是次大块重量的16倍，小块的重量是小碎片重量的16倍……于是，他开始利用这个“碎花瓶理论”修复文物、陨石等不知其原貌的物体，给考古学和天体研究带来了意想不到的成果。

试想，如果雅各·博尔头脑里没有另类思维，打碎一只花瓶时他只是按常规思维去想、去做，一味地埋怨、惆怅地收起满地碎片一倒了之，他又怎么会知道碎片里竟蕴藏着一个伟大的科学理论呢?

人生需要另类思维，企业同样也是如此。市场上有两种人，一种是领先于别人的人，另一种是被别人领先的人。领先别人的人永远让别人跟着他走，被别人领先的人永远跟着别人走。别人做什么你就做什么，你最多只是个好的模仿者，永远不可能靠模仿成为领导品牌。要成为一个领导潮流的人，你就必须拥有另类思维，要时时刻刻想着：“我如何跟别人不一样，并且比他更好。”只有这样，你才有机会超越常人，取得成功。

在日本的兵库县，有一个叫丹波的村子。当整个日本都普遍富裕起来的时候，这里依然贫穷——土地贫瘠、物产贫乏、交通落后、信息闭塞。这里的人们心情焦灼，可又苦于脱贫乏术。于是，他们到处寻找致富良方，一些有识之士向他们提供的建议是：出售物产和资源换回生活所需。可问题是，这个村子除了贫穷和落后，无以出售。最后，一位专家运用另类思维想到：既然只剩下贫穷落后，无可出售，何不出售贫穷和落后？那如何出售贫穷？他向村民建议：今后村民们不要住在现在的房子里，要住到树上去；不要再穿布做的衣服，要穿树皮、兽皮，像几千年前尚处于蒙昧时代的老祖宗那样生活，这样城里人会来观光、旅游，从而会给村民带来丰厚的旅游收入。村民们听从了专家的建议，开始了“另类生活”。没多久，他们的“另类生活”就引来了大批好奇的旅游者。不到一年时间，丹波村的村民们就富裕起来了。

当某个人在新开辟的路上走向成功之后，人们便认为这是一条成功之路，所以很多人都挤向这条路，但因为走的人太多，此路便形成堵塞现象。这时候，有另类思维者总是能够再找一条路子，由于这条路是新开辟的，多数人还不认识这条路，所以畅通无阻，因此另类者又先一步到达了成功的终点。等多数人再到达时，成功的果实已被摘走。

• 思维破局 •

在这个世界上，有许多高深的理论其实就在我们司空见惯的日常生活里。智慧女神多么想让你明白：这个世界既不是有钱人的世界，也不是有权人的世界，在某种情形下，它是有另类思维的人的世界！

## 别出心裁，挖掘出自己独有的竞争优势

俗话说：“猪往前拱，鸡往后蹬，各有各的道。”同一件事，在别人看来可能是绝佳好事，但对自己来说，说不定会是

大麻烦；同一条路，别人走过去可能畅通无阻，但自己去走，可能就会障碍重重，甚至会摔跤。因为每个人都有自己与众不同的背景，都有自己的个性。所以，只有别出心裁，寻求自己独到的竞争优势才更适合自己。老是步别人后尘，很难成大器。聪明的生意人都不喜欢随大流，他们目光独到，喜欢走自己的路，创自己的业，开拓出一片属于自己的新天地。经营者可以在形式上多做些文章，明里必须宣传好自己的产品、形象，暗里应该争市场、利润。商界有许多成功的“点子”，都值得我们效仿。

32岁的周国在深圳打拼3年之后，赚了20多万元。结果回老家成都后，因为打麻将把钱全部输光了。后悔莫及的他决定在哪里跌倒就从哪里爬起来，既然麻将让他输得精光，那么就靠麻将把钱赚回来。做什么呢？就是开一家麻将火锅店。

开业之前，周国特意请来了理发师，先在自己的头上剃了一个“一筒”的图形。随后，将各个员工的头发修剪成二筒、五条、红中……每个人的头发形状都很醒目，颇为滑稽。“老麻将火锅”店正式营业那天，20个“麻将头”员工往店门前一站，立刻吸引了来往的食客们。不一会儿，火锅店里里外外就被挤得满满当当的。“六筒，上瓜子”“二条，再来一瓶啤酒”……火锅店里几乎全是“麻将”的吆喝声。顾客们吃得开心，周国也几乎乐晕了——开业当天，竟然有4万多元的营业额。

接下来，周国还特意在大厅里设立了一个麻将擂台。他规定，每桌都可推选一名麻将高手登台比试牌艺，按和牌的多少予以5～8折的优惠。于是，每天比赛一开始，每桌都有客人争先恐后地上台打擂。就这样，周国靠着麻将这个吸引人的招牌，不断推出五花八门的经营手段，“老麻将火锅”开业不久，便迅速以其特有的风格在餐饮界立足了。

周国的创业经历告诉我们，无论是个人还是企业，要成功不需要面面俱到，只要在某一方面做出特色，做到杰出，就能脱颖而出。

能够别出心裁的人，其思维富有创造性，善于从习以为常的事物中图新求异，从而去认识世界，改造世界。要想做到独具慧眼，就要善于捕捉机遇，将小机会变成大机会，进而建立自己的事业。卢氏兄弟和他们的万和集团，就是这方面的佼佼者。

1992年，卢氏兄弟成立了桂洲热水器厂。当时在顺德，已经有神州和万家乐两家著名的大型热水器厂，它们占据了全国热水器市场的大部分份额。这个时候投资热水器行业，岂不是步他人后尘吗？卢氏兄弟却不这样认为，在他们看来，虽然热水器行业有两只“猛虎”拦路，但是，如果能在技术上领先一步就能出奇制胜。不久，老大卢础其利用去日本出差的机会，从日本多田公司带回了一台新一代点火装置的热水器。卢氏兄弟日夜攻关，对它进行研究、改进，终于研制出脉冲式点火装置的热水器，并成功获得了国家专利。1992年8月，卢氏兄弟又研制出中国第一台超薄型水控式燃气热水器，即水阀一开热水即来，不需要留火种的热水器。这种技术上别具一格的热水器一经推出便引起了轰动，被列入国家星火计划项目，并且由此翻开了中国热水器史上新的一页。第一年，万和试产5个月，创下产值2000万元，1993年，创下产值1.5亿元！至此，卢氏兄弟以独一无二的生产技术在热水器市场上异军突起，一举进入了中国热水器行业三甲。

可见，创造活动是一个摸索的过程，不可能一帆风顺，当我们遇到暂时无法解决的困难时，除了迎难而上，进行艰苦探索外，还应开动脑筋，运用冷门思维突破困难，实现创新。想在变幻莫测的现代社会立足，不能只靠书知识，也不能照搬他人的经验，而要开动自己的大脑，挖掘出自己独到的竞争优势，这样才能在激烈的竞争中取胜。

## • 思维破局 •

要想在变幻莫测的现代社会立足，只简单地照搬别人的经验绝对不行。现代经营者必须开动大脑，寻求自己独到的竞争手段，才能在激烈的竞争中取胜。

## 另辟蹊径，走前人未走过的路

当传统的方法已经不能解决问题时，我们应该学会另辟蹊径。另辟蹊径，你就会避开别人的优势，如入无人之境般浮出水面，并跃上成功的平台。人生一世，每个人都想在某方面占领一方天地。但很多人都在与你一起竞争，谁行谁不行，并不取决于你自己的一厢情愿，而取决于你占有多大的优势，包括才艺上的优势，资金上的优势，人缘上的优势等。谋求成功的人都在明里暗里争夺这些优势和创造这些优势，在这种情况下，如果你对自己的优势进行总结和比较之后，你就会发现“山外有山，人外有人”，你奋斗了几年，依然还不是行业里的尖兵，那么，你该怎么办呢？很多成功者总结经验说：另辟蹊径，走与别人不一样的路，你就会撇开别人的优势，让别人的优势变成挥向你的空拳，你将如入无人之境般浮出水面，并跃上成功的平台。

1982年，在美国《幸福》杂志上所列的全美500强大企业名单里，赫然跃上了一个名不见经传的电子工业公司——苹果计算机公司。一年之后，奇迹再次发生。年轻的苹果计算机公司青云直上，一举跃到了第291位，营业额达9.8亿美元，它的迅速崛起引起了美国企业界的极大关注。是谁采用了什么策略取得了如此大的成绩？

领导这家公司的主要是两位年轻人——史蒂夫·乔布斯和斯蒂夫·沃兹尼亚克。当时，在美国，许多计算机生产厂家都把研制和生产的重点放在大型计算机上，史蒂夫·乔布斯和斯蒂夫·沃兹尼亚克自知实力不如他人雄厚，于是决定另辟新路，将注意力集中到个人计算机上。经过长期艰苦的努力，他们终于在1976年成功研制了一台家用计算机，命名为“苹果1号”。当他们把这台计算机拿到俱乐部展示时，立刻吸引了不少计算机迷，他们纷纷要掏钱购买，一下子就订购了50台，从此，他们的订单源源不断。1977年，“苹果计算机公司”正式宣告成立。到1981年，苹果计算机公司生产的个人计算机占据了美国市场上个人计算机总销售量的41.2%。难怪纽约基础书籍出版公司在1984年出版的畅销书《硅谷热》中，对苹果计算机公司发迹和崛起的速度极为赞叹，认为：“一家公司只用了5年时间就有资格进入美国最大的500家企业之列，这还是有史以来的第一次。”

当前路曲折、泥泞，或者已被人挤满时，我们应该学会另辟蹊径。实际上，促成人类社会进步的一切科技发明，起因都是解决问题过程中的“另辟蹊径”。比如为了解决“怎么才能更快地收割小麦”的问题，如果我们仅限于传统的方法——把镰刀磨得更快，而不是想着去发明另外一种方法，那永远也不会有联合收割机。

上一次解决问题的办法，这一次不一定适用，我们可能还有比传统的办法好上百倍千倍的其他办法。创造力和勇气，是创业者成功的必备条件，而因循守旧，缺乏创新的人，只能庸庸碌碌，无所作为。

法国人贝纳德古·塔兹做邮购唱片生意一干就是10年，尽管他很努力，仍旧两手空空。塔兹心想，总跟在别人后面跑，不是办法啊！为什么不另起炉灶，走一条自己的路呢？于是，他下决心向其他同行不曾或不愿意涉足的领域进军。市内的艺术馆保留有许多欧洲中世纪管风琴音乐作品，其中很大一部分与宗教艺术有关，很少有人问津。塔兹尝试着制作了这一类作品，投放市场后，备受顾客青睐，他因此大受鼓舞。于是，塔兹就地取材，把开发“稀有曲目”作为自己的经营方向。在经营过程中，塔兹本着不搞噱头，曲目和录音都以追求品质为首要任务的方针展开生意，结果不但扩大了业务，还挖掘了许多“冷僻乐曲”，挽救了不少面临失传的“宗教音乐资产”。到如今，塔兹在欧美6个国家设有分公司，本人也获得了“唱片大王”的美称。

“唱片大王”贝纳德古·塔兹的经历告诉我们，创造性活动是世界上最伟大的活动。模仿只能跟在别人身后，亦步亦趋，终究不会有什么发展。要想使自己有所成就，就必须学会突破自我，不断想出新点子。

如果把人类的思想世界比作一个万紫千红的花园，那么每个人的思想都不过是其中的一枝花朵。但如果你将自己的思想之花置于一个独到的地方就会撩人眼目，招人青睐。这个独到的地方是一般人想不到的，因其想不到，才不会被别人挤占；因其想不到，才能更卓尔不群地展示自己。出类拔萃的精要，从某种程度上讲，就是敢于另辟蹊径，采取不寻常的举措。

• 思维破局 •

只有敢于打破常规的人，才能开辟出一条别人不曾走过的路，只有在别人没到过的地方，才可以得到别人得不到的收获。

## 乘虚而入，打主动进攻仗

现代社会是一张由各种关系织成的密网，在这张密网中会出现一些缝隙和漏洞，而这些缝隙和漏洞恰恰就是这个时代纵横驰骋的弄潮儿新的生存空间。无论是开拓创业还是创新研究，谁最具有冷门思维，谁就会最先发现那些缝隙，并在绝大多数人还未察觉的情况下轻易地获得先机，乘虚而入，从而取得胜利。

全球知名企业“亚马逊”的创始人贝索斯30岁时已是某金融公司的副总裁。然而，当贝索斯偶然看到“网络用户一年中猛增23倍”这样的一条信息后，便出人意料地告别了华尔街，转而创办网上商务。在网络上卖什么东西好？贝索斯列出了20多种商品，然后逐项淘汰，精简为书籍和娱乐制品，最后他选定了先卖书籍。为什么贝索斯有如此唯一的选择？因为他在分析过程中发现传统出版业有一个根本矛盾——出版商和发行零售商的业务目标相互冲突。出版商需预先确定某本图书的印数，但图书上市之前，谁也无法准确预测该书的市场需求量。为了鼓励零售商多订货，出版商一般允许零售商卖不完就退回，零售商既然毫无风险，也往往超量订购。贝索斯一针见血地说："出版商承担了所有的风险，却由零售商来预测市场需求量！"贝索斯所看到的其实就是经济活动中无法彻底根除的一种弊病：市场需求与生产之间的脱节。他认为，运用互联网省略掉商品流通中一系列中间环节，直接向生产商下订单，就可以真正做到以销定产。4年后，贝索斯创办的"亚马逊"的收入已经超过400亿美元，拥有450万长期顾客，每月的营业额达数亿美元，杰夫·贝索斯也成为全球的超级大富豪。

贝索斯是善于开辟新路的优秀人士，他的成绩让我们看到了抓住市场漏洞，乘虚而入所能产生的作用和能量。善于用冷门思维去解决工作中的问题和困难，是一个人决胜的根本，更是一个企业保持旺盛竞争力的保障。企业永远欢迎主动开辟新路的人才，他们是企业最宝贵的财富。商场如战场，在竞争越来越激烈的商场上，谁能巧妙地钻空子，抓时机，谁就会打胜仗。钻空子即是乘虚而入，抓住有利时机，打主动进攻仗。在别人已经发展好的基础上来进一步提高自己，是明智之举，不能在别人的基础上进一步提高，不能算成功。在这条路上走得很好的成功企业中，裕兴公司要算其中一个。

1991年，裕兴公司成立，一年能生产几百台学习机，由于经济条件有限，裕兴只能守在学习机这个地头上，继续完善产品，开发配套软件，等待时机的来临。1993年，中央电视台出现了一则广告："你拍一，我拍一，小霸王出了学习机；你拍二，我拍二，学习游戏在一块儿……"裕兴意识到，小霸王的广告效应马上就要显示出来了，此时不搭车，更待何时？果然，1994年春节期间迎来了学习机销售的第一次高潮，产品脱销了，整个市场都在抢货，经销商拿着钱到裕兴公司的门口排队，由于不能敞开供应，只能对经销商实行限量分配。裕兴公司开始了新的计划。他们认为，裕兴要是永远跟在小霸王身后，就永远也没有发展的机会。

他们决定创新一次，在学习机里加上一个软驱，万一老产品销售不出去时，就把新产品推出去拼一回。形势果然发生了变化，到了1995年，随着市场竞争的白热化，大多数学习机生产厂家都被淘汰出局。裕兴则靠着加入软驱的学习机活了下来，产品也更受欢迎。小霸王由此大伤元气，而一落千丈。裕兴利用这个有利时机，乘虚而入，在几乎没有市场竞争对手的情况下大打出手，最终取代了小霸王成为新一代的学习机霸主。1997年，裕兴公司的广告开始出现在中央电视台的黄金时段上。

回顾裕兴发展的过程，就是从“跟”开始的，但裕兴目光长远，没有一直“跟”下去，否则能够战败小霸王的厂家就不一定是他们了。聪明人总是能够发现别人忽略或根本不知道的机会空间，并且善于利用开拓它。他们独辟蹊径，从小路杀到大路上。由于少了竞争和阻力，他们往往能比别人更有优势，因此也能走得更远。

• 思维破局 •

商场如战场，谁错过时机，谁就会打败仗。只有乘虚而入，抓住有利时机，打主动进攻仗，才能战无不胜。

## 变废为宝，那些你想不到的致富之道

有些东西不是没有价值，而是你没有发现它的价值。因为视角的不同，人们对事物便会有不同的认识，而人的价值观念、知识储备和实践目的等因素都会对视角产生影响。所谓价值观念，就是人们对外界事物价值大小的看法。

在现实生活中，我们会遇到形形色色的事物，有些能够满足我们的需要，对我们有价值，有些则对我们毫无用处，也就是没有价值。但是，也常常会出现这样一种情况：同一件东西，一个人看起来十分有用，而另一个人则觉得毫无价值。这就是人与人之间在价值观念上的差异。会思考的人，都有一双慧眼，会比别人想得更全面。很多成功人士都是事业和生活中的有心人，这些人往往勤于观察，善于发现，乐于思考。当一些人从生活中发掘了致富信息，并获得成功后，有些人就会顿生懊悔之心，说："我天天都见到那些致富信息，怎么就没想到利用它来致富呢？"

很多年前，美国穿越大西洋底的一根电报电缆线因破损需要更换，这则小道消息很快在人们中间传播开来。但是一位珠宝店老板却没有等闲视之，毅然买下了这根报废的电缆。没有人知道小老板的企图，认为他一定是疯了，异样的目光惊诧地围绕着他。他关起店门，将那根电缆洗净、弄直，然后剪成一小段一小段的金属段，装饰起来作为纪念物出售。大西洋底的电缆纪念物，还有比这更有价值的纪念品吗？就这样他轻松地发迹了。随后他又买下欧仁妮皇后的一枚钻石，淡黄色的钻石闪烁着稀世的光彩。人们不禁问道：他是要自己珍藏还是加价转手？他却不慌不忙地筹备了一个首饰展示会，观众当然是冲着皇后的钻石而来。可想而知，梦想一睹皇后珠宝的真容的参观者肯定会蜂拥着从世界各地接踵而至。他几乎坐享其成，毫不费力就赚了大笔的钱财。他就是美国赫赫有名、享有"钻石之王”美誉的查尔斯·刘易斯·蒂梵尼，一个磨坊主的儿子。

事物的价值有时并不如你所想象的那样。有些东西不是没有价值，而是你没有发现价值，突破常规，它才会有超出你想象的价值来。一般来说，在同一国家，同一民族，同一时代，人们的价值观念往往相对比较接近；而在不同国家，不同民族，不同时代，则相去甚远。例如，在我们中国人的意识中，借债是贫穷和无能的代名词，所以中国人羞于借债；而美国人则认为借债是社会信誉良好、一个人有能耐的表现，所以他们常常用借债的方式去做大生意。价值转换思维告诉我们，改变惯常看法，进行转换思维，对事物所拥有的价值进行全方位的重新审定，可以从中发现和开发出对人类更为有利的新价值。

日本“水泥大王”浅野总一郎23岁时，身无分文，又找不到工作，有一段时间每天都处于半饥饿状态。有一天，他发现一个水泉，已挨饿整整两天的他当即就捧起这水来充饥，一喝觉得清凉可口。“干脆卖水算了。”就这样，他开始了在路旁摆摊卖水的生活，而且工具大部分是捡来的。这最简单的卖水生意使这位吃尽千辛万苦的青年，不必再挨饿了。浅野后来说：“在这世界上没有一件无用的东西，任何东西都可以加以利用。”

浅野卖水两年，25岁时已赚了一笔不少的钱，于是开始经营煤炭零售店。30岁时，当时的横滨市市长听到浅野很会把看起来无价值的东西变得有价值，就召见他说：“你以很会利用废物而闻名，但是人的排泄物，我想，你是没有办法去利用的了。”“只收集一两家粪便不会赚钱！但是收集数千人的大小便就会赚钱。”“怎么样收集呢？”“做公共厕所。”就这样，浅野替横滨市设置了63处日本最初的公共厕所，因而成为日本公共厕所的始祖。厕所建好后，他就把汲粪便的权利以每年4000日元卖给别人，两年后他成立了一家日本最早的人造肥料公司。由此带来的财富无法估量！

成功的路千万条，但没有一条是相同的。人心各有一道，只有走自己的路，才能抵达成功的彼岸。走自己的路，就意味着走与众不同的路，步人后尘不会拥有光辉的前景，另辟蹊径才可能开拓出一个崭新的未来。因为没有哪一个人的成功之路是别人给自己开辟的，也没有哪一个人的成功之路是上天打造的风光之旅。

## • 思维破局 •

一个人要想取得成功，必须敢于打破常规，不受常规的束缚，从常规中走出来，从世俗中走出来。若能做到这一点，你就会发现一片新天地，获取到那些在常规中不断转圈的人所得不到的绚丽瑰宝。

# 第07章

## 转换思维，换个角度思考<br>让一切焕然一新

## 换位思考，把自己的脚放进别人的鞋子里

不把自己放在第一的位置，才能客观地分析事情。换位思考就是让自己能够站在他人的角度看问题，从而对事物作出一个准确的判断，并更好地处理事情。有位作家讲：“肯替别人想，是第一等学问。”“上半夜站在自己的立场想，下半夜站别人的立场想。”假如你对自己说：“如果我处在他当时的困难中，我将有何感受，有何反应？”这样你就可省去许多烦恼，也可以增加许多处理人际关系的技巧。

他人为我，我为他人，都是换位思考的做法。换位思考是一种非常有益的思维技巧，当人们学会灵活运用的时候，也就是我们成功的开始。如果我们执着于一己之见，一味地在乎自己，往往会陷入困境。

西方人喜欢喝咖啡。以前那些贵族就用咖啡豆自己磨咖啡，然后慢慢地煮，非常麻烦！咖啡商看到了这里面的商机，就开发了速溶咖啡，推销它方便快捷的特点。开始上市的时候，咖啡商非常高兴，并且预言：咖啡革命的时代即将到来。可是，令他们

失望的是，速溶咖啡并没有得到消费者的认可，这是为什么呢？公司十分纳闷，于是，就派了大量的人员去进行市场调查！后来，调查结果显示：采购咖啡的人主要是家庭主妇。而不少消费者反映说，她们认为买速溶咖啡的家庭主妇是不关心家庭的人，而买传统咖啡的家庭主妇却不是！原因是什么呢？她们认为：咖啡不同于其他产品，它是用来细细品味的。为自己的家人泡一杯香喷喷的咖啡，这是爱和关心的体现。如果你连这样的工作都不愿意做，怎么能够说你关心家庭呢？

这时候，公司才发现，他们大肆强调的卖点，也是他们最得意的卖点——速溶，恰恰是他们最致命的弱点！搞清楚了这一点，他们开始修改营销策略，不再强调速溶，而是在味道上做文章：滴滴香浓，味道好极了！然后在消费者接受其长处的基础上，再一步步拓展。

企业目前的产品决策中普遍存在着程度不同的“自我中心”倾向。一旦决策过程中过多地掺杂了“我认为”的水分，决策的品位便会大打折扣，企业所期望的“应当”的回报就很难实现。有的企业经过系统策划、精心运作的产品投放市场后非但没能引起消费者的兴趣，反倒让自己找不到感觉。在付出沉重的代价之后，不少企业无奈地发出“上帝病了”的感叹。实际上上帝没病，是我们企业自己“贵体欠安”。

从对方的立场出发，为对方分析事情的利弊，对方便会愿意按照你的思路走下去，从而达到你的目的。人的需要是各不相同的，各人有各自的喜好。只要你认真探索对方的真正意向，特别是与你的计划有关的，你就可以依照他的偏好去应对。首先你应当让自己的计划去适应别人的需要，然后你的计划才有实现的可能。

**• 思维破局 •**

要想使别人信服你，那你首先就要尽力站在对方的立场上看问题。成功有不同的方法和不同的思维模式，关键看你会不会转变思维，站在对方的立场和角度思考问题。

## 身份对调，真实体会对方的感受

由于人性弱点的限制，很多人在处理问题和与人交往时，往往立足于自己的立场，考虑更多的是自己的利益和需要，却很少关心他人的需要，更别说从对方的立场来看问题了。倘若你能先行一步，转换一下立场，考虑对方的需要和感受，以对方期待的方式来对待他，那么，你不仅掌握了一个高明的融洽人际关系的交往原则，而且掌握了一项通往成功的诀窍。

我们日常生活中会和他人有许多误会和分歧，处理不好，矛盾就会激化，甚至反目成仇。困惑我们的主要问题是：他的要求太过分了，这怎么可能呢？其实，如果我们站在对方的立场上考虑问题，误会也许就会很快消除。我们不得不赞叹我们先人关于“设身处地”的说法，其实这也是对换位思考的简洁而客观的描述。其中的身份对调是非常重要的思维方法，是解决问题的有效途径，也是化解矛盾的利器。

第二次世界大战期间，美国空军与降落伞制造商之间发生了矛盾。当时，降落伞的合格率已经提升到99.9%，军方则要求合格率必须达到100%。对此，厂商认为任何产品都不可能达到绝对100%的合格率，除非出现奇迹。但这对军方来说就意味着每1000个伞兵中，会有一个因跳伞而丧命的。后来，军方改变质量检查的方法：从前一周交货的降落伞中，随机挑出一个，让厂商负责人自己穿上装备后，亲自从飞机上跳下。

这个方法实施后，奇迹出现了：不合格率立刻变成了零。这是因为当厂商负责人运用了换位思维进行思考后，他不仅亲身经历了伞兵所处的危险境遇，真切体会到不合格的降落伞对伞兵的生命所构成的威胁，而且真正了解到了不合格的降落伞的主要问题所在。这样，他既有了改良产品的动力，又准确找到了产品需要改良的地方，自然能创造奇迹。美国空军巧妙地运用换位思维，轻而易举就解决了难题。

我们常常固守自己的想法，与人僵持不下，导致人际关系不和谐、事业受挫。其实，凡事没有绝对的对错，只是各自站的角度不同而产生了相异的观点。将换位思考运用到日常生活的人际交往中，不仅能促进人与人之间在思想和情感上的沟通，还能有效地防范和化解一些矛盾冲突。

**• 思维破局 •**

同样一个问题，站在不同角度去看，就会有不同的人生结果，苦与乐也就在这一念之间。所以许多事情，我们都可以去换位思维，换个角度，从别人的立场看一看，也许我们会有意外的发现，人生其实挺公平。如果我们常常运用换位思考，天地就会宽阔很多，我们的关爱之心也就会更多一些，人生也会因此变得轻松许多、快乐许多。

## 换位思考，给足对方尊重

尊重别人是一种涵养，也是一种品格。“尊重”这个词说起来容易，做到却很难，最简单的做法便是先想想自己想要别人如何对待自己，然后把这种做法用到别人身上，即待人如己。待人如己不仅仅是一种道德法则，还是一种动力，能推动整个外部环境的改善。无论是打拼事业，还是经营家庭，都应该以一颗真诚的心来对待别人，将心比心地多替别人想一想，经常进行“换位思考”，站在别人的立场想问题。

有时候，成功者和失败者的区别在于认识朋友的多寡与质量。会做人，别人喜欢你，愿意与你合作，才容易成事。这种先做朋友后谈事的行事方式，在各行各业都通用。人们总是对陌生人保持一定的警惕，若把你们之间的距离拉近些，他就不好意思拒你于千里之外。在良好的会谈气氛中，打消了人们心里的顾虑，余下的事，则水到渠成。

一个偶然的机会，李晓华从报上看到一篇有关中国北京赵章光发明“101毛发再生精”的报道。他敏锐地感到机会来了。数天后，一辆当时北京尚不多见的新款奔驰280驶进“101”厂大门——海外华侨李晓华慕名来访。西装革履的李晓华被礼貌地请进会客室。谈不多时，李晓华了解到“101”厂职工上下班及公务活动中缺少交通工具，他便提出帮助解决，捐赠一辆尼桑大客车，协议达成了，交接日期定在一个月后。而就在此后的一个月之内，在日本、中国香港等地，“101毛发再生精”在各种媒体的“爆炒”下，名声大振，价格一路上涨……交接日的前一天，一辆价值百万的崭新的尼桑大客车紧随李晓华的奔驰280开进“101”厂。“李先生绝对够朋友！”从此，李晓华与“101”结成好伙伴，并成为“101毛发再生精”在日本的经销代理商。

有人问李晓华这样一个问题：你赠给“101毛发再生精”厂汽车，而人家不给你代理权怎么办？对此，李晓华说：“我相信，你敬人一尺，人敬你一丈。”

李晓华远道而来，盛装出席，并在尚未获得利益的前提下主动提出解决员工出行困难，如此的信任与尊重，同样获得了赵章光的尊重与回报。由此可见，尊重是一种较高层次的需求，你若能满足他人的这种需求，他人也会投桃报李，帮助你达到目的。

细心的人都会发现，成功者总能把来自不同背景、不同信仰、不同年龄、不同经历的人聚集在一起，建立共识，统一行动，这不是因为他们有什么神奇魔力，而是因为他们足够尊重对方。

如何做到尊重他人呢？当你试着换位思考，多替别人着想时，你身上就会散发出一种善意，影响和感染周围的人。这种善意最终会回馈到你自己身上，如果今天你从别人那里得到一分理解，很可能就是以前你在与人相处时给予他人充分的尊重换来的。

## • 思维破局 •

生意场也是公关场，没有一定的人际关系，做生意简直寸步难行。人际关系是一种十分微妙的东西，它影响着人的各种行为。人际关系是商人最重要的财富，在他的交际网络中，涉及的面越广，有价值的人物越多，要做的事业就越顺。而要建立这样的关系网，做不到尊重他人是万万不行的。

## 知己知彼，寻找对手的破绽

我们生活在一个飞速发展的时代，生活就像是一支充满竞争的交响曲，处处都奏响着竞争的乐章。战场上有士兵们的竞争，商场上有商人们的竞争，职场中有同事间的竞争……有的人大敌当前，总是不停猜测对方在想什么？他们在做什么？他们为什么这么做而不那么做？他们将要如何做？其实，要回答这些问题，我们只需要问自己：我在想什么？我在做什么？我这么做究竟要达到什么目的？这样问题也许就迎刃而解了。这就是思维换位，在许多事情中如果学会了思维换位，解决问题的途径就会扩大，做事的胜算就会提高。

换一种立场或视角看待工作或生活中的各种事物，可以使我们做出与平时惯常思维不一样的选择。历来有“知己知彼，百战不殆”的说法，其不为人知的一层含义就是先知己而后知彼，然后才可以胜出。其实，这也是思维换位的精辟哲学总结。

朱可夫元帅是一位军事奇才，一生战功显赫。第二次世界大战末期，苏军先锋部队抵达距柏林不远的奥得河时，遇上了危急情况——与后继部队脱节，人员和物资供应不上。这时，朱可夫元帅连忙找来他的坦克集团军司令卡图科夫将军，与他商量对策。朱可夫问他的部下：“假如你是德军柏林城防司令古德里安，手中拥有23个师，其中有7个坦克师和摩托化师，朱可夫现已兵临城下，而后继部队还距离柏林150公里，在这种态势下，你会有什么举措？”卡图科夫回答说：“那我就用坦克部队从北面攻打，切断你的进攻部队。”朱可夫听后，击掌高呼：“对啊！这是古德里安唯一的好机会。”于是，他当即命令他的第一坦克集团军火速北上，及时一举歼灭实施侧翼反击的德军坦克大部队，保证了柏林战役的胜利。

朱可夫成功地运用换位思维法巧妙用兵，与敌人“换把椅子坐一坐”，让卡图科夫扮演反面角色，充当敌人的指挥官，通过换位模拟对抗研究，搞清了敌人的用兵方略，从而化险为夷。兵行诡道，上兵伐谋。作战行动中，敌对双方都在千方百计地算计对手，想方设法地战胜对手。我须因敌用谋，敌也料我定策。我要发挥自己的优势，敌手却避而不触；我要竭力把自己的短处隐藏起来，对方偏要积极寻觅。这就是战争的玄妙之处。所以，作为一个聪明的人，只有正确运用换位思维，善于以己度敌，反观以求，才能“对症下药”，时时立于主动地位。

唐朝中叶，安禄山发动叛乱。叛军一路上势如破竹，这一天来到了雍丘。

著名将领张巡率领雍丘军民进行了积极的抵抗。守卫战坚持了40多天，城中的箭都已用完。张巡叫士兵们扎了1000多个草人，给草人穿上黑衣，系上绳子。晚上，叫士兵提着绳子把草人慢慢放下去。围城的叛军以为是唐军偷越出城，便一阵乱箭射去。等草人身上扎满了箭，士兵们再把草人拉上城来。这样反复好多次，就得到了十几万支箭。秘密泄露出去后，叛军才知道张巡用了“草人借箭”的计策。

又一天夜里，只见又有好多人从城上吊了下去。叛军将士都哈哈大笑，嘲笑张巡愚蠢。有个将领说：“张巡还想用草人来赚我们的箭呀，弟兄们，别上当啦！咱们不理它，让他们自己等着吧！” 过了一阵子，有人报告城墙上的草人不见了。那个将领说：“咱们不射箭，张巡等得不耐烦，把草人收回去了。没事啦，大家都睡觉吧。”夜深人静的时候，突然跑出一支唐军，直向叛军兵营杀来。此时的叛军将士早已进入梦乡，遭到这突然袭击，立刻大乱。原来这又是张巡用的计。这次吊下城来的不是草人，而是唐军的敢死队。敢死队下城以后就找地方埋伏起来，到深夜发动突然袭击，城里再呼应助威，好像增援大军从天而降。其实敢死队一共才500人。等叛军惊慌逃跑，敢死队和城里的唐军乘胜追杀十多里，取得胜利，才收兵回城。

张巡利用人们习以为常的心理，先频频以假象示敌，使敌人麻痹，再在适当的时机攻其不备，给敌人以打击。而这一切都必须置于深入了解敌军，知敌之所想，料敌之所为的前提之下。可见，正确地运用换位思维，是“以劣胜优”的客观环境对我们提出的必然要求。

• 思维破局 •

社会生活中信息常常真假难辨，商机稍纵即逝，始料不及的新情况和新问题随时都可能发生，正确地进行换位思维绝非易事。必须下真功夫、苦功夫和细功夫，从历史经验和发展趋势上深入研究分析对手惯用的招数和伎俩，从蛛丝马迹中适时推断对手的变化，做到人变我变，始终高人一筹。这样，才能谋敌而不被敌所谋，制敌而不被敌所制。

## 欲取先予，用发展的眼光看问题

在许多时候，赠予也是一种经营之道。“将欲取之，必先予之”是从无数实践中总结出来的人生谋略之一。也就是说，要得到更大的利益，必须先给予对方一定的好处，“予”是手段，“取”是目的。实施这个谋略，需要从思维形式上找突破口。

随着社会的发展，“将欲取之，必先予之”的谋略已被成功运用到各种经济活动中，被演绎、发挥得淋漓尽致，为千千万万个厂家带来了无数的商机，也获得了数不清的利润。

20世纪初，一位日本人创办了“越后屋”布店，该店店面不大，资本不厚，生意也一般。店主心里颇为焦急。有一天下大雨，一些人急忙奔到布店来避雨。店主忙叫店员将店里的几把雨伞借给避雨人。虽然不少人没有伞，但大家都对越后屋产生了好感，连连称赞。

这件事给了店主很大启示，他打算借助雨伞招揽顾客。随后他叫人买了一大批雨伞，还工工整整地写上“越后屋”的字样。以后凡遇下雨，来布店避雨的人都可以借到一把雨伞。说来也奇怪，没过几个月，布店的生意居然渐渐兴隆起来。后来，“越后屋”经多次易名，多次扩大范围，至1928年已发展为“三越百货公司”，成为日本最早出现的综合性百货公司。尽管如此，公司仍然不怕麻烦，还是备有雨伞，供人们下雨天借用。

“越后屋”把“借伞”作为公关手段，体现了“将欲取之，必先予之”的经营道理，对企业的发展起了良好的作用。“欲取先予”的手段之所以容易成功，在于它符合人们对某种利益追逐的心理活动规律。一般而言，要想在商业上获得某种利益，就必须保持一种相对稳定的利益平衡关系。也就是说，在利益问题上不能总是一边倒，不能让对方一味地付出，应该让消费者在付出之前或付出之后有所得。这种获得当然不限于物质上的，也包括精神上的，基于这样一种利益平衡关系，才有“欲取先予”的思维之道。

其实在许多时候，赠予也是一种经营之道。有舍有得，只有舍去，才能得到。下面这个故事就很好地说明了这一点。

古代有一个商人来到某水乡小镇推销金鱼缸，金鱼缸工艺精湛，造型精巧，但是却无人问津。于是，商人找到一个卖金鱼的老者，以低价向老头订购了500条小金鱼，第二天上午，商人让老头担起金鱼跟他一起走，他们来到了一条穿镇而过的水渠上游。老头按商人的吩咐，把500条小金鱼全投入水渠里。

下午，一条消息传遍了整个小镇：水渠里，不知从哪里游来了一群漂亮又可爱的小金鱼！镇上的人争先恐后地拥到水渠边，小心翼翼地寻找、捕捉小金鱼。捕捉到小金鱼的人，兴高采烈地去市场买金鱼缸，那些还没捕到金鱼的人，也纷纷拥去市场抢购鱼缸和金鱼。大家都这么想：既然水渠里有金鱼，今天虽然捉不到小金鱼，但是总有一天能捕到的，就是捕不到，也可以买来养，那么鱼缸总能派上用场。因此，养小金鱼成了镇上的时尚与喜好。从此，卖鱼缸的商人和卖金鱼的老人都有了稳定且可观的收入。

从金鱼缸想到金鱼，有了金鱼就会想到买金鱼缸。小金鱼是道具，卖出金鱼缸才是目的。免费送你小金鱼，消费者肯定会买鱼缸供养小金鱼。由此，这个商人轻而易举就把自己的金鱼缸销售一空。若不采用这种手法，那几千个金鱼缸不知要卖到何年何月。现在的“买一送一”的促销手法跟卖金鱼缸的商人所采用的策略是一样的。例如，西装行业通过送领带给顾客，刺激顾客购买西装；做风扇马达的工厂，老板会千方百计要求政府引进风扇厂家，有了风扇厂，马达就有销路了。

**• 思维破局 •**

“欲取先予”，包含着审时度势的大智慧，当舍则舍的大勇大谋。两利相权取其重，两害相权取其轻，从这个意义上来说，“舍”本身其实就是“得”。古人说：“退一步海阔天空。”善于舍弃，主动向后退一步，反而会获得更多的利益，拥有更加广阔的发展空间。

## 顺着别人的思路，达成自己的目标

如果你总是对别人指手画脚，有时会导致事情走向你所希望的反面。而若是从对方的立场出发，将他的思路引导到你的思路上来，往往会更容易达到自己的目的。

换位思考的应用更能让对方认可你，在实际情况下，如果你直接否定对方的意见或观点，往往很难让他人接受。但是当你站在对方的立场上考虑问题时，或许就能感觉到对方观点存在的可能性，再通过对所有这些观点进行整合，将有助于你获得更全面的认识。

美国有一位服装设计师，常常要去推销所设计出的服装新样式。虽然人家也接待他，每次也都认真审看他带去的设计图，但很少有人购买他的图纸。为此，他很纳闷儿，于是便去请教有名的卡耐基。听了他的诉说后，卡耐基笑了，启发他说：“问题是你知不知道，他们究竟需要些什么呢？你必须弄清这个才行呀！”话虽不多，但这几句点拨，使他茅塞顿开。很快，他就打开了局面。

他带着设计图纸和半成品找到权威人士说：“先生，您能帮个忙吗？这是设计草图和一些半成品，请根据您的高见，帮我改一改。”对方一听，便让他把图纸留了下来。后来，还给他提了意见。于是他按照对方的意见加以修改，结果每次的设计都得到了他们的赞赏，图纸也都被他们买去了。新的服装样式得到了这些权威们的肯定，自然就流行开了。

为什么会这样呢？后来卡耐基作了简要的分析。因为一般人都不愿做别人规定或指定做的事，这是一种普遍存在的社会心理。因此，你不能把自己的设计强加给他们。相反，如果你让对方感到主意是他自己出的，体现的是他的思路，那么，情况就会好得多。你就会很容易地说服对方，也很容易被对方接受。

要想使别人信服你，那你首先就要真诚地尽力站在对方的立场上看问题。顺着对方的意图来，是促成与对方合作的前提和动力。如果你对别人指手画脚，有时会激起他们的逆反心理，这反而会事与愿违。而若是从对方的立场出发，让他站到你所搭建的舞台上，往往会更容易达到自己的目的。

罗斯福做纽约州州长的时候，完成了一项特殊的事业，其实他与其他政治首脑们的交情并不好，但他却能推行他们最不喜欢的改革。他是如何做的呢？每当有重要位置需要补缺的时候，罗斯福都会请政治首脑们推荐。“最初，”罗斯福说，“他们会推荐一个能力很差的人选，一个需要‘照顾’的那种人。我就告诉他们，任命这样一个人，我不能算是一个好的政治家，因为公众不会同意。”

然后，他们向我推荐另一个工作不主动的候选人，是来混差事的那种人。这个人工作没有失误，但也不会有什么很好的政绩，我就告诉他们，这个人也不能满足公众的期望，我请他们看看，能不能找到一个更适合这个位置的人。他们的第三次提议是一个差不多够格的人，但也不十分合适。于是我感谢他们，请他们再试一次。这时他们就提出了我自己选中的那个人。我就对他们的帮助表示感谢，然后我说就任命这个人吧。我让他们得到了推荐人选的机会。我请他们帮我做这些事，为的是使他们愉快，现在轮到他们使我愉快了。”他们真的这样做了。他们赞成各种改革，如公民服役案、免税案等，这使罗斯福工作得十分愉快。当罗斯福任命重要人员时，他使首脑们真正地感觉到，是他们“自己”选择了候选人，因为那个任命是他们最早提出的。

在这个故事中，罗斯福没有直接说出自己的意思，而是顺着对方的意图，这样就使他们自觉地掉到“圈套”里来了。所以说，这其实是一种高明的策划手段，既达到了目的，又不露痕迹。

## • 思维破局 •

如果我们借别人出面、出力去做成我们筹划的事，那么这种引导策略肯定是应该首先考虑的。以对方的眼光和情感作为切入点，引导他“变成”自己，这样，他自然会爽快地“替”你把事情给办好了。

# 第08章

# 厚积薄发，提升思维的深度与广度

## 人生需要储蓄

当今时代，正是大变革、大发展时期，新知识新观念不断涌现，面对不断更新换代的新知识，我们就更要丰富自己的头脑，更要用心地去面对生活。我们要在生活中不停地学习新知识，以增强自己的能力。从一定意义上说，学习力等同于创造力，而创造力决定竞争力，竞争力会决定我们的前途和命运。

如果我们不学习，不积累知识和经验，我们就很有可能被这个社会淘汰。但是当今社会又是多元化多样化的，大家的价值观也是千差万别的。随着社会经济的发展，人们的物质生活变得越来越好，人们面临的诱惑和选择也越来越多，所以会在已有的基础上去追求更大的利益。在这种情况下，如果不学习不积累更多的文化知识和生活经验，人们的思想就会受影响，就容易陷进拜金主义、享乐主义和极端的个人主义，就无法拥有更高的修养。如果一个人没有修养，那么他的才智的发挥和能力的提高都会受到限制。

要想做好一件事，就要先制订目标，然后为了这个目标不断地学习和积累，厚积薄发，提升自己思维的高度，才能取得最终的成功。要想成功，不断地充实自己，提升思维的深度很重要。要想比别人更快地领悟生活，比别人早一步成功，我们就该在生活和学习中发挥自己的思考和思维的能力。

实践总是能够检验真理的，而真理的产生正是我们在日常生活中积累经验的结果。所以说，不停地学习和不停地积累生活的经验，就会提升一个人的思想境界。德国哲学家康德说过：“有两种东西，我对它们的思考越是深沉和持久，它们在我心灵中唤起的惊奇和敬畏就会日新月异，不断增长，这就是我头上的星空和心中的道德定律。”同样，一个人如果不积极地面对生活和学习，不在生活和学习中积累经验和知识，怎么能了解宇宙的浩瀚、世界的多彩，怎么能够领悟生活的真谛和生命的价值呢?

## • 思维破局 •

在如此多元化的社会中，我们要更深层次地了解生活，就要通过知识来充实自己，要想在生活中取得成功，就要不断地提高自己思维的高度，因为只要我们不断地积累有用的经验，我们就能看到别人看不到的，我们的思维才能得到升华，成功才能离我们更近一些。

## 丰富的阅历让思维更活跃

在这个世界上，总会有一些人很睿智、很成熟，他们有着比我们更丰富的人生经验，对生活会有更深层次的理解。他们看待生活有自己独特的视角，不受其他人的干涉，对生活见解独到，对生命领悟得透彻。如果我们也想做到这样，就要不断地在生活和学习中充实自己，提升自己，不断地积累经验。所以我们面对生活的时候就要有一个成熟的心态，要让自己也变得更具魅力，就要积极地参与到学习和生活中去。

在多元化、多样化的社会中，新生事物如雨后春笋般不断地涌现出来，我们在学会生活的同时，要不断地掌握新的知识，掌控新潮流的发展。只要我们能掌握这些新的知识和理念，我们对生活就会有另外的深层次的理解。但是，这个社会是一个复杂的大环境，所以我们还要学会如何在众多的新生事物中选择出对自己最为有利的。这就要看我们平时的积累了。

小林是喜欢旅行的人，他觉得人活在世界上不能把自己束缚在同一个地方，就要趁着年轻力壮、精力充沛时多出去转转，感受一下各个地方的风土人情，顺便观看一下世间百态，丰富自己的人生阅历。虽然家里人不太赞同小林的想法，但也没有阻拦。

小林就真的放任自己去了很多地方，但是在他到贵州一家农户借住的时候，那家人让小林彻底地震惊了。这是一个单亲的家庭，有两个小孩，父亲在本地的矿场打工，他们的妈妈因为受不了贫穷的生活，所以丢下孩子和丈夫离开了这个家。

两个小孩瞪着大大的眼睛看着小林的旅行包，眼睛里满是疑问，小林告诉他们这是他的旅行装备。小孩又问："叔叔你也丢下你的家人走了吗？"小林听到这句话的时候心中突然想起了自己刚开始想要旅游的原因。他问两个孩子："如果现在你们有机会离开这里，你们会怎么选择？"其中一个稍大的孩子说："我们要好好读书，然后考好的大学，再回来把我的家乡建设得更好。"小林诧异孩子的志向，又问："那你打算怎么建设家乡啊？"小孩双眼闪光地说："我要学生物工程，我们大山里珍稀的动植物可多了，我要学这个回来保护它们，这是老师教的！"小林被孩子丰富的经历和见识惊呆了，明白了行万里路和读万卷书一样能够丰富阅历、增长见识。

这个案例告诉我们：生活中积累经验的方式有很多种，不是我们跑过很多的地方见过很多的人才算是有了丰富的经验。其实，只要我们能够读懂生活，能够在生活中变得更加睿智，我们就能拥有丰富的人生阅历。

苦难也能让一个人对生活有更加深刻的认识，最终让这个人变成生活的智者。 穷人的孩子早当家，每个人在特定的情况下总会遭遇特定的生活，然后按照自己的思想理解自己目前的生活，他们的理解或许在别人看来很不可思议，但是那也是属于他们的生活智慧。生活还是那个生活，就要看我们用什么样的心态去看它。怎样生活要看我们平时的积累，怎样看待生活要看我们平时积攒的人生阅历。每个人的人生阅历都是不同的，但是不管是贫穷还是富足的生活都能磨炼一个人的意志。

冰冻三尺非一日之寒，经验和阅历都是要慢慢累积的。案例中的小孩没有优渥的生活条件，但是他们心中有目标，艰苦的生活能使他们早日变得成熟，早日变得能够担起生活的重任。

天将降大任于是人也，必先苦其心志，劳其筋骨，饿其体肤。生活总是会给我们很多的考验，我们要以乐观向上的心态去面对，苦难和挫折只是一时的，在苦难和挫折的背后总会有成功的掌声在等着我们。经验人人都会积累，生活人人都会思考，不同的人总会对生活有不同的观点。在如此复杂的环境下，还有人类复杂的思维，我们要提升自己思维的质感，就要付出比他人更多的努力。有些人从一出生就承受着苦难，他们的人生阅历丰富多彩中还带着感恩，他们用自己的青春和汗水换来了成熟的心态和睿智，也正是因为之前的那些苦难，造就了他们现在的坚强。

• 思维破局 •

每个人所处环境不同，随着年龄的增长碰到的人也不同，要想更快地融入他们，就需要我们不断地充实自己，厚积薄发，积累经验，提升自己思维的高度。生活教会我们的这些都会成为我们最宝贵的阅历，而我们的思维也会随着这些阅历慢慢升华。

## 经验的积累贵在持之以恒

每个人的生活都是智慧思维的结晶，不管是谁，都要为了自己的生活而奔波，只是每个人的思维不一样，所以得到的生活的回报也不一样。时间在不断地流逝，我们也在奔跑中慢慢地变得成熟，变得睿智，变得更加地了解自己的内心，更加了解自己的生活。时间总是带走我们年少时的浮华，在我们的心中留下沉稳睿智的痕迹。这些沉稳与睿智可以提升我们的智慧，但我们要获得这些智慧就要持之以恒地认真对待生活，在每天不同的生活中汲取经验。

小图是职场新人，初入单位并不适应。因为小图在学校的时候很优秀，但是在职场上总是显得十分的青涩，明明学习一段时间了，但对很多技术还是不能很熟练地掌握和运用，于是他开始怀疑自己的能力，心里总是觉得无比的恐慌与紧张。

后来有个同事看到小图的状态后找他长谈了一次。小图告诉同事，自己没有任何的经验，做事情的时候总是找不到窍门，看着别人做得那么好，自己却笨手笨脚完全不知道从哪里开始下手，这让他很苦恼。小图说完后，同事的一番话彻底让小图醒悟了过来。

同事说："你别看大家现在都很有自信的样子，其实每个人都是从菜鸟过来的，每个人都遇到过和你一样的情况，也碰到过和你一样的难题。我们也都彷徨过，自卑过，但是我们不能一味地迷茫下去对吧？正是因为当初我们没有经验，我们才更要持续努力地积累工作经验，用比别人更加睿智的思维去思考生活。我们每天积累一点点的经验就会对工作和生活多一点点的认识，而我们对于工作和生活的思考就会更加成熟。等到你的经验积累到一定的程度，你自然就会成为一个发光体。"

后来小图每天积累一点点经验，就对工作有一点点全新的认识，随着时间的推移，小图终于获得了事业的成功。

我们中的有些人也像小图那样迷茫过，不懂工作，不懂如何在工作中汲取对自己有用的经验，让自己变得更加成熟、睿智。所以我们从现在开始就要知道：在生活、工作和学习中缺少经验并不可怕，经验是可以慢慢积累的，关键是要坚持。我们可以看到小图是个优秀的人，他唯独缺少的就是职场经验。但任何人都不是生来就拥有职场经验的，经验还是需要在工作中慢慢地积累。每当我们的经验积累到一定的阶段，我们对于生活就能有一个新的认识，我们对于生活的思考就会更加深刻，我们的思维就会上升一定的高度。所以说，睿智的思维会伴随着经验的提升而递增。

在积累经验的同时让自己成为生活的智者，厚积薄发，提升自己的思维高度。小图的同事是生活的智者，他知道怎样去思考生活，不会停留在自己最辉煌的时候，也不会在自己最苦难的时候摔倒再也不起身，相反地，他知道自己缺少什么就让自己努力地获得什么。不会太迫切地想要别人注意到自己，而是不断地充实自己，不断地让自己变得更加成熟、睿智。这样做不仅让自己得到了充实，提升了思维高度，更是让别人注意到了自己。

## • 思维破局 •

有人会计算我们会在这个世界上生活多少年，多少月，多少日，甚至是多少小时多少分钟多少秒。秒，是一个多么微小的时间概念，但偏偏就是这个秒，堆积起了我们生命的长度，我们想要堆积生命的厚度也离不开那看似毫不起眼的一秒。所以我们也要像时间一样，不断地积累自己，直到自己也在别人的眼里变得举足轻重。所以，想要读懂生活我们急切不得，我们得不断地充实自己，让自己的思维提升到更高的高度，让自己变得越来越睿智，这样我们才能领悟生活的真谛，拥有一个光明的未来。

## 目标明确，历练是为了提升自己的未来能力

人生是一场没有回程的旅行，前方等待着我们的一切都是未知的。人生这场旅行的主导是我们自己，在旅行的过程中我们会感到黑暗、痛苦和孤独。这些黑暗只能靠我们自己度过，这些痛苦只能自己体验，这些孤独也只能自己品尝。但是只要我们穿过黑暗，就一定能感受到阳光的温度；走出痛苦，我们一定能企及成长的高度；告别孤独，我们也一定能收获灵魂的深度。为了升华我们思想的深度和思维的高度，我们就要学会在生活中不断地历练自己。人生在世数十载，总会遇到各种各样的挫折和苦难，没有一个人会一帆风顺，每个人都会在生活中跌倒，重要的是他还会不会站起来。

曲折和弯路是常态，是人生的另一条途径。当我们遇到坎坷、挫折时，也要把曲折的人生看作是一种常态，不悲观失望，不长吁短叹，不停滞不前，把走弯路看作是前行的另一种形式、另一条途径。把走弯路看作是一种常态，怀着平常心去看待前进中遇到的坎坷和挫折，这将有助于我们更好地走出自己的精彩人生。

赵睃是一所大专院校毕业的大专生，学的是软件专业。他分析国内近几年的就业市场，深知以自己现有的学历和专业水平，很难找到好工作、做出大成就，明白这样下去是不行的。

人活着就要有目标，需要有追求，所以平时赵晙在学习之余还上网查阅了许多资料，报了一家全日制的N1保过班，希望在学习之后能留学日本，学习世界尖端的软件技术，同时也能在异国的生活中锻炼自己。

赵晙在培训班学习的过程中认识了很多不错的老师和同学，他们在一起生活，一起学习日语。他最初不太适应那里的生活，但是在老师和同学们的帮助下，赵晙通过自己的努力慢慢地适应了那里的生活，也开始慢慢地熟悉了一些日常的对话。赵晙通过自己的努力让自己的留学之路离自己越来越近。

赵晙是个有目标的人，他知道自己最想要的是什么，也愿意为此付出自己的努力。所以他为了自己的目标不断地充实自己，希望能在自己喜欢的道路上越走越远。

赵晙也是我们普通大众中的一员，但是他敢为自己的目标去拼搏，敢不断地历练自己，他用他的行动告诉我们：做个有目标且敢为自己的目标付出努力的人。每多一次历练，对生活就会多一点儿了解，每对生活多一点儿了解，我们的思维就会上升一定的高度，我们的思维实力就会提升。

要敢于走出未知的一步，向未知的未来发出挑战。不是任何人都敢走出那未知的一步，不是每个人都敢接受那份生活的历练。想要接受历练就要有一定的勇气，要有这份勇气就需要我们有一个成熟的心态，一份完善的计划。在此基础上，不断地为此努力。

对生活中可能会出现的挫折做充分的准备。要想实现自己心中所想的，就要时刻准备好接受生活的历练，只有经过历练的人生才是丰富而又精彩的。只要我们经得起历练，不管未来的人生出现怎样的挫折都能平静地面对。只要我们一直积极地充实自己，我们就能提升自己思维的高度，让自己观察生活的视角与众不同。

在人生的长河中，我们不能奢望永远都风平浪静。人生有时会波涛汹涌，有时会平静无声。生活总是喜忧参半，有苦涩也有甜蜜。生活又是很公平的，它不会因某种原因而去怜悯任何人，也不会因为某种原因去抛弃任何人。当你承受了种种苦难之后，也许会陷入无助和挣扎的境地，但是挫折虽残酷，却能激发一颗颗沉睡的心灵，披荆斩棘冲破重重阻力朝着阳光的方向奋发努力，这些苦难会让我们的思想有质的转变。

## • 思维破局 •

确实，我们的一生要经受太多的惆怅和沧桑，但是，要始终坚信，希望就在不远处等着你。不经历风雨，怎么见彩虹，没有人可以随随便便就取得成功。多一次历练就多一次经验，多一次经验我们就会多一分面对问题时的沉着，多一分沉着我们就会多一分睿智，多一分睿智我们就会多一分成熟，多一分成熟就会多一分成功的可能。所以我们要学会历练自己，不断地提升自己的思维能力，让自己变得更加成熟、睿智。

## 告别幼稚，心态成熟聚集思维力量

每个人的一生都是由幼稚走向成熟，但是要说成熟，每个人的定义又会不同。那么成熟就需要一个最基本的衡量标准，那就是我们要明白自己到底在做什么。人要有计划地生活，为自己制订一个目标，然后为了那个目标不断地努力。孩童时期的我们可以随意哭闹，不管说什么都没有人会去在意。但是随着我们年龄的慢慢增长，我们不得不摆脱我们幼稚的思想慢慢地走向成熟，慢慢地提升自己的内在，让自己有个成熟的心态。

世界成功学之父卡耐基有一个重要的理论：你的生活是由你的心态造成的，你有什么样的心态就有什么样的生活，你有什么样的选择就有什么样的结果。要想获得生活和事业的成功，首先要调整、完善、升华自己的心态。所谓心态，指的是一个人在思想观念支配下，为人处世的态度和心理状态的总和，是一个人内在和外在的和谐统一。

一个人的心态成熟与否，就要看这个人心态是否积极，对生活有怎样的见解，对未来有怎样的计划。

小军和朋友在一起的时候总喜欢不断地夸耀自己，朋友向他倾诉心事的时候他总是心不在焉，每次都是沉浸在自我的世界里，不太在乎别人的感受。第一次朋友还可以忍受，但这样的次数多了，小军的朋友们就不太喜欢找小军聊天了。

但小军从来都不认为朋友们不太喜欢和他来往是自己的错，相反，小军自己还觉得很郁闷，总觉得是朋友们心眼太小，嫉妒自己，从来不在自己的身上找原因。

有一次，小军和朋友们一起举办了一个聚餐的活动，但是在准备的过程中，小军总是很武断地就否定朋友的意见，自己想到什么就做什么。面对朋友的劝阻，小军还觉得是朋友嫉妒自己，结果等到聚会开始的时候，还有很多事情都没有准备完毕，有好多处的纰漏，最终还是他的朋友们一起商量对策，这次聚会才算勉强结束了。复盘的时候，小军非但没检讨自己的错误，还觉得朋友们看不起他，孤立他。

朋友们对小军的表现都很失望，在出现问题的时候他非但不想着解决，反而把所有的错误都推到他们的身上，久而久之，小军的身边就没有什么朋友了。

这个案例中的主人公小军，在生活中有着很不成熟的各种表现。例如，做事情不考虑后果，武断行事，做事不善后，不肯负责；沉醉在自己的内心世界，不愿与其他人交流，习惯性地忽视身边的人；把自己的错误往别人身上推，老想着为自己开脱。

每个年龄段该有每个年龄段的思想。小朋友思想简单，行为幼稚我们会觉得可爱，小军已经成长到了一定年岁，就要有那个年龄段该有的思想，但是他还是一味地沉浸在自己的狭小世界里，说明他的心态还是很消极、很幼稚。我们说一个人成熟的最基本要求就是知道自己在做什么，知道自己能做什么，知道自己要承担后果。小军做事不负责任，这是他幼稚的表现之一，因为他只喜欢沉浸在自己的世界里，在自己主观臆想的世界里生活。对于生活没有一个积极的心态，不太认真地去思考生活的意义。

小军其实是很多人现实生活的缩影，因为思想不够成熟，所以总是有很多幼稚的表现。我们应该做的是不断地充实自己，摆脱幼稚，让自己的思想成熟起来。一个人生活在这个世界上虽然不是为了别人，但是别人对自己的看法还是相当重要的，所以我们也要参与到外部的世界中去，不断地充实自己，让自己的生活变得更加精彩，让自己积累更多的生活经验。

我们说一个人成熟是因为他对生活有独到的见解，对自己有很充分的了解，懂得如何去生活，还有他的内在总是强大的。因为他懂得如何充实自己，如何提高自己思想的深度，而不是只知皮毛就到处炫耀。生活总是瞬息万变的，我们要想抓住生活的规律，就要积极地参与到生活中去，而不是一味地把自己装在自己制作的壳里，要学着接纳别人的意见，也要懂得倾听。要在生活中慢慢积累经验，用知识和实践武装自己的头脑，让自己内心积淀得越加深厚。

• 思维破局 •

一个人想要成功，就要摆脱所有幼稚的想法和心态，让自己变得成熟起来，不断地积累生活中的经验，用不同的思维方法考虑生活，在生活中不断地成长，不断地让自己的思维变得越加成熟，因为只有成熟的心态才能聚集思维的力量。只要我们不断地积累经验，提升自己的思维高度，生活就会给我们意外的惊喜。

## 再好的想法也要经受实践的检验

很多人习惯一遇到事情就求助书本中的各种教条，总是不愿意自己去面对。有时候借鉴经验是好事，可以帮助我们在前人探索的基础上取得更多的成就，但是也要选择性地去借鉴，因为我们的教条主义往往会掩盖我们对于生活真正的认识。如何才能读懂生活？平时注意点滴积累知识经验，在需要时运用这些经验解决问题；回顾问题解决过程，深化吸收成功经验以及失败教训，逐步形成自己的思维体系。生活每天每时每分每秒都是新鲜的，我们无法预测下一步的时候就要好好地在实际的生活与工作中丰富自己的思想。

赵括从小就学习兵法，谈论兵事，以为天下没有比得上他的人。曾经在和他的父亲赵奢谈论兵事时，赵奢都难不倒他，但是赵奢并没有赞美赵括。赵括的母亲问赵奢此中的原因，赵奢说："打仗，是生死攸关的事情，赵括对它的谈论太草率。赵王不让他当将军倒也罢了，如果赵王要让他当将军的话，使赵军失败的人肯定是赵括。"

等到赵括将要启程的时候，他母亲上书给赵王说："赵括不可以做将军。"赵王说："为什么？"他母亲回答说："当初我侍奉他父亲，那时他父亲是将军，由他父亲亲自捧着饮食侍候吃喝的人数以十计，被他父亲当作朋友看待的数以百计，大王和王族们赏赐的东西全都分给军吏和僚属，接受命令的那天起，就不再过问家事。现在赵括一下子做了将军，就面向东接受朝见，军吏没有一个敢抬头看他的，大王赏赐的金帛都带回家收藏起来，还天天访查便宜、合适的田地房产，能买的就买下来。大王认为他哪里像他父亲？父子二人的心地不同，希望大王不要派他领兵。"赵王说："您就把这事儿放下别管了，我已经决定了。"赵括的母亲接着说："您一定要派他领兵的话，如果他有不称职的情况，我能不受株连吗？"赵王答应了。

赵括代替了廉颇以后，改变了原有的全部规章制度，草率地任用军官。秦国的将军白起听说以后，调遣变化莫测的部队，假意打败退却，而断绝赵军的粮道，把赵军一分为二，赵军士气不援，被困40多天，赵括亲自指挥精兵搏战，秦军用箭射死了赵括。赵括的部队大败，数十万赵军降服了秦国，秦国将他们全部活埋了。

这便是赵括纸上谈兵最终被秦国坑杀十万赵军的故事。故事大家都很熟悉，但是其中的道理我们未必都能读出来。

没有实际经验的理论是空白的纸张。赵括从小就学习兵法，所以并不能说赵括是个无知的人。只是他从来没有行过军打过仗，自然不太熟悉真正的战争是怎样的一种状况。再加上他在与赵奢谈论军事时赵奢不敌，这更让赵括认不清楚自己实际的能力。赵括的这种心态本身就是错误的，他不了解战争更不了解生活，最终因他对兵法的生搬硬套和鲁莽大意而白白损失了性命与军队。

实际经验是取得成功的重要砝码。赵括只是读过几年的兵书，对于行军打仗并无实际经验，他的身边也没有一个可以助他之人。战场上的形势总是变幻莫测的，兵书大家都读过，但是在那样一瞬万变的状况下除了要熟知兵法之外，平时打仗积累的经验就显得至关重要。

## • 思维破局 •

从赵括纸上谈兵的故事不难看出，要摆脱书本和教条的束缚，在实践中积累经验很重要。而且我们发现问题之后要马上联系实际情况来解决，而不是盲目地相信书本上的理论，因为实践是检验真理的唯一标准。此外，做事不能操之过急，要先慢慢地充实自己，不断地积累对自己有用的经验，然后厚积薄发，慢慢提高自己思考的能力，提升自己思维的高度。

# 第09章

# 开拓思维，想在人前者才能成为行动的先驱

## 想得到，才有可能做得到

每个新事物的诞生，都离不开最初的“想法”。想到的未必都能做到，但做到的首先要想到，有什么样的想象力，就有什么层次的创新。

中国一位传奇的民营企业家有句名言：“没有做不到的，只有想不到的。”可见我们想象力的匮乏是妨碍成功的一大障碍。我们必须承认，每个新的发明，每个新论点的提出，都离不开最初的“想法”。这个想法，也就是思考。莱特兄弟梦想能够飞起来，于是他们发明了飞机；达尔文沉浸在他的生物研究中，最终提出了震惊世界的进化论……所有的计划、目标或者成就，都是思考的产物。根据需要进行联想思维，通过对大脑既存信息的检索，提取出有用信息，这是妙用联想进行创造的主要途径。人们的创造发明许多都是基于联想思维的这一方式。

伟大的科学家爱因斯坦一生从事科学研究，作出了划时代的贡献。他小时候就有着丰富的想象力，在他16岁的时候，他就想象：假如我骑在一条光线上，追上了另一条光线，那将看到什么现象？对这个荒诞不经的问题，他用了10年时间苦心钻研，终于提出了举世瞩目的相对论。毫无疑问，想象力在爱因斯坦的科学研究中发挥了重要的作用。

杰出的原子核物理学家卢瑟福曾说过："出色的科学家总是善于想象的。"爱因斯坦也把想象力当作一种可贵的智能，他认为："想象力比知识更重要，因为知识是有限的，而想象力概括了世界上的一切，它推动着进步，并且是知识进化的源泉。"

想象是人的一种思维活动。人的大脑皮层由约140亿个神经细胞组成，这些细胞又分成若干部分，各司其职。人的思维能力也因此相应地分成感受力、记忆力、判断力和想象力四种。所谓想象，就是由保存在记忆中的表象出发，把这些表象进行加工、改造，使其产生新思想、新方案、新办法，从而创造出新形象的思维过程。想象力能提高创新的层次，因为它不受已有事实的局限，也不受逻辑思维的束缚，所以想象能为你拓宽创新的视野。想到的未必都能做到，但做到的却首先要想到。

1972年12月23日，尼加拉瓜共和国首都马那瓜发生了大地震，一座现代化城市顷刻间变成了一片废墟，死亡万余人。

令人惊奇的是，在震中511个街区被震毁的房屋废墟中，唯独18层的美洲银行大厦安然屹立，而就在大厦前面的街道地面，却上下错位达1/2英寸，如此奇迹，轰动了全球。

那么，这个奇迹的创造者究竟是谁呢？他就是著名的工程结构专家美籍华人林同炎。

尼加拉瓜共和国地处环太平洋火山地震带上，地震频发，所以林同炎在设计之初便考虑到防震问题。如何达到最强防震效果呢？思忖再三的他灵光一现，别出心裁地想到了少有人用的框筒结构。这种结构和一般结构不同，具有刚柔相济的特点：在一般负荷的情况下，建筑物有足够的刚度来承受外力；而当受到突如其来的强烈的外力作用时，可由房屋内部结构中某些次要构件的开裂，使房屋总刚度骤然减弱，从而大大增强对地震的承受力。这种以建筑物次要构件开裂的损失来避免建筑物倒塌的设计构想，突破了以刚对刚的正面思维模式，从对立面展开联想创新，创造了世界上少有的奇迹。

德国学者莱辛说："缺乏幻想的学者，只能是一个好的流动图书馆和活的参考书，他只会掌握知识，但不会创造。"想象作为形象思维的一种基本方法，不仅能构想出未曾知觉过的形象，而且能创造出未曾存在的事物形象，因此想象是任何创新活动都不可或缺的基本要素。没有想象力，一般思维就难以升华为创新思维，也就不可能作出创新。

**• 思维破局 •**

实践经验告诉我们：一切创新活动都离不开想象，想象是人类思维得以充分展开的自由的翅膀。运用想象进行创造性工作，已是人们自觉或不自觉的意识，充分强化和挖掘想象在创新活动中的功能，已是当今人们进行创造性劳动的重要途径之一。

## 人生成败，源于其想法

面对同一件事、同一个问题，不同的人会产生不同的想法，而正是不同的想法决定了每个人日后在人生成败上的分野。

上天所赋予人类最起码的资质是可以让每个人都能做出非凡业绩的。不信，就请看看那些从你身边起家的成功人士，他们当初不是与你也没有什么两样吗？他们是如何摇身一变，忽然令你刮目相看的呢？仔细分析一下，你就会发现，他们有独特的思维方式和一种不同寻常的想法。虽然初始时就差那么一点点，但日积月累就越拉越大。所以，了解差距并及时总结，方能迎头赶上。

成功需要很高的悟性与洞察力，面对差距和挑战，你应及时调整心态，勤于思考。其实，你最需要做的应该是改变自己的想法，哪怕只是改变很小的一点儿，也会起到很好的效果，就像牛仔裤的发明史。牛仔裤是最普及和最受欢迎的一个款式，它简单到根本不能称之为发明。但它竟然和可口可乐一起成为美国的象征，其中的奥妙真是让人回味无穷。

100多年前，美国加州因发现金矿而吸引了大批淘金者，犹太人李维·施特劳斯也是这些淘金者之一，他每天辛勤劳动，但总以失望告终。后来施特劳斯发现这些庞大的淘金队伍需要许多日用品，他便开了一个小商店，还兼卖修补帐篷用的帆布。

一天，一位疲惫不堪的矿工到施特劳斯的小店休息，这位整天都在井下挖金矿的矿工抱怨说：“唉，我们整天拼命地挖，裤子破了也顾不上补。在这鬼地方，裤子破得真快。”听了矿工的话，施特劳斯脑子里闪过一个念头：修补帐篷的帆布不正是很好的耐磨布料吗？如果用帆布做成裤子，一定十分结实。不久，第一条牛仔裤的前身——工装裤就这样诞生了。牛仔裤因为满足了矿工们的要求，因而在矿场上很受欢迎，以后更是风靡了整个世界，成为无论男女老幼都喜欢的服饰，李维·施特劳斯也因此发了大财，成为服装界举足轻重的领袖。

新想法是个好东西，它是人生走向成功的开始。谁拥有新想法，谁就拥有了成功的可能性。许多成功的人都是从一个好的想法开始的，区别仅在于有人把好的想法变成了现实，有人却永远停留在梦想之中。

人们在评价某成功者时，常常会讲述他那不寻常的奋斗历程，以及他是怎么干的，却很少提及他当初在“怎么干”之前是“怎么想”的。而“怎么想”对他日后的成功，提供了最原始的基础，也是他本人获取成功的决定性因素，或者说是成功的源泉。可见，想，是迈向成功的第一步。只要你有想法，并为之付诸行动，终有一天，你会取得成功。

马丁从剑桥大学毕业后，曾就职于羊毛工业研究协会。一天，他和其他研究人员一起喝咖啡时，不留神将咖啡洒在了滤纸上。咖啡渗入滤纸后，痕迹中心的咖啡色最深，随着咖啡的逐渐渗透，四周的颜色则越来越淡。看着滤纸上深浅不一的颜色，马丁想，也许这个原理可以用于眼下他最关心的氨基酸的分离。于是，经过各种努力，马丁终于研究出一种可以用滤纸分离氨基酸的纸分离法。这一发现使马丁与共同研究者辛格一起获得了1952年诺贝尔化学奖。

喝咖啡时不小心碰洒的人很多，而大部分人只是将污痕擦掉，然后把纸扔进纸篓而已。只有每天绞尽脑汁琢磨如何分离氨基酸的马丁才会注意到滤纸上的颜色变化，并意识到这里有解决问题的办法，所以，他获得了成功。一个新想法可能就是导向成功的引子。你把它点燃后，就可能会产生成功的巨响。但是在现实生活中，由于种种原因，很多人的新想法并没有被点燃，因而也不会看到成功的火焰。

**• 思维破局 •**

想法是大脑的活动，人的一切行为都受它的指使和支配。想法虽然看不见、摸不着，但它却真实地存在着。有什么样的想法，就会有什么样的命运。而在许多人生的转折点上，一旦能调整思路，换个想法，也许就可以看到别样的人生风景，甚至创造出人生的奇迹。

## 善用智慧，好的想法能够点石成金

财富源于智慧，其点石成金的效果可为人带来无穷的商机和财富。用智慧去工作，你可以将问题变成创造奇迹的机会。古人说 “不战而屈人之兵”就是源于智慧的力量。纵观古今，横看世界，社会的发展，事业的成功，无不显示着智慧的力量。

吉列剃须刀是世界知名的品牌，发明吉列剃须刀完全是从生活需要出发的。有一次，吉列手中的剃须刀在他的脸上划了许多“杰作”，疼得他几次想把剃须刀扔出去！难道就不能生产一种安全的剃须刀，解决全世界将近一半人口的刮胡子问题吗？这个念头在他心里一闪，立即就生了根，在之后的几年里，他专心研究，决心设计出一种安全剃刀。

这一过程历尽千辛万苦。他不停地实验，不停地改动设计方案，终于制造出了他理想中的剃须刀。然而，这种剃刀上市后，销路并不是很好，第一年只卖出51把剃须刀和168片刀片。吉列没有灰心，他坚信自己的设计是完美的，之所以出现这样的情况，主要是大家还不了解这种剃须刀的好处。

第二年，吉列决定对剃须刀进行大肆宣传。他请了一位著名的漫画家为吉列剃须刀做宣传画，这使吉列开始有了一些名气。第二次世界大战开始后，吉列作出了一个重大决策，他决定为前线军人提供剃须刀，只收成本费用。后来的事实正如他想的那样，军人的义务宣传，产生了意想不到的效果，吉列剃须刀的名声伴随着胜利的凯歌蜚声全球，吉列梦想中的剃须刀王国也由此开始建立。

吉列的智慧源于他对现实生活的洞察力，然后将现实与梦想有机地结合，使他成为一个智慧型人才，成就了他的一生。的确，智慧是致富的必要条件。你的价值在于你的头脑，而不是手和脚。一个人的富有，不是他现在手里拥有多少财富，而是他有一颗会赚取财富的头脑，他是依靠头脑发财的。

智慧能引导你从危难中走出来，逐步地走向成功。思考致富是犹太人经商的重要法则，犹太商人赚钱强调以智取胜。犹太人认为，金钱和智慧两者中，智慧比金钱更重要，因为拥有智慧才能赚到源源不断的金钱。无论在生意场还是职场上，成功的关键在于你的智慧，这才是常胜之本。

有一个富翁曾对一个强盗说过这么一段发人深省的话：“你可以拿走我的汽车，抢走我所有的钱财，但是，只要你不杀死我，留下我这颗脑袋，过不了多久，我又会拥有这些东西。而你呢，当你把从我这里抢来的钱物挥霍掉之后，又会变得一无所有，一贫如洗。”那个强盗听了这一番话之后，似有所悟，不解地问这位富翁：“为什么会这样？”富翁说：“因为我拥有智慧，智慧可以变成黄金，可以使我拥有一切！”

物质财富不是靠抢杀得来的，而是靠智慧。每个人都必须树立用智慧赚钱的思想。职场如战场，善于运用智慧，可以使我们更好地秀出自己、发挥自身的潜力，更多地获得晋升、加薪的良机，从而改变自己的命运。

## • 思维破局 •

超级富豪比尔·盖茨最喜欢的一句名言是：“即使把我全身剥光，一个子儿也不剩，扔在撒哈拉沙漠中心，但只要有两个条件——给我一点时间，并让一支商队路过，不需多久，我又会成为亿万富翁。”财富源于智慧，无论什么时候，善用智慧，你就可以将问题变成创新的机会、突出自己的机会和创造奇迹的机会。想让自己脱颖而出，善用智慧是你的一张必胜王牌。

## 财富的多少，取决于思维的广度

正确巧妙的思考技巧，对成功来说，无异于机器内部的硬件。大多数人并不缺乏知识与才能，但不一定有一个正确巧妙的思考技巧。勤于思考是成功者具备的重要素质。思考能带来命运的转机，不肯思考的人就会停滞不前。拿破仑·希尔曾著过《思考致富》一书。为什么是“思考”致富，而不是“努力工作”致富？他强调，最努力工作的人最终富有的并不是很多。如果一个人想变富有，首先需要思考，是独立思考而不是盲从他人。

美国著名地质学家华莱士，在总结其一生成败经验的著作《找油的哲学》中写道：“找油的地方就在人的大脑中。”他提出一个著名的观点：人的大脑里蕴藏着丰富的宝藏，而思维方式，是其中最珍贵的资源。不同的思维方式决定不同的行为目标，思考未来的技巧为你创造一种未来的新形象。要想取得突出成绩，思考是你必不可少的能力。

网易公司首席架构设计师丁磊，1993年毕业于成都电子科技大学。1994年，丁磊第一次上网，网络的魅力就让他无限痴迷，于是，他决定创办一家网络公司。1997年5月，他在互联网上打出了网易公司的招牌。网易步入信息高速公路后，第一大举措就是免费。

网易最先提供的免费项目是免费个人主页。1997年8月，丁磊出钱买下“北京热线”“中网”等5个站点的3个月广告时间，并在网上宣布：网易为所有中国网民提供免费个人主页存放空间服务。丁磊的这一举动立刻招来了嘲笑。过了一年，丁磊免费服务的秘密终于彰显出来了：中国最好的个人主页当中，有80%都存放在网易的网站上。这些人就是一批网络精英，有了这些网络精英，无异于有了一笔不可估量的财富。

在免费个人主页一再升温的同时，网易又推出了最为成功的项目——免费电子邮箱。丁磊为了让他的电子邮件系统便于记忆、容易操作，曾经冥思苦想，寝食不安。一天凌晨，丁磊突然来了灵感，想到了用数字注册域名。他跳下床打开计算机一看，还没有人捷足先登，遂一口气注册了 163.net、126.net、188.net等一系列数字域名。

丁磊刚刚毕业时还是一个穷学生，但经过十年的艰苦创业，到2003年就一跃成为中国的首富。他在分享自己的成功经验时说：“因为我在大学里学会了思考。”丁磊的巨额财富，印证了思维创造财富的道理。令人感兴趣的是这种迅速扩大的财富，它并没有大规模的生产，也没有大规模的原材料消耗，更没有大规模的产品堆积，它拥有的资源是知识和人的智慧。

衡量一个人致富的潜力不是学历，也不是家庭背景，而是思维的广度。思维的广度决定着财富的多寡，而思维的广度又取决于思维方式，思维方式是自己可以支配的。要想在职场中大展宏图，关键在于你的头脑中是否形成了正确的思路，并是否下决心为之付出努力。与此同时，你还要将自己的思维和视野努力变得开阔起来，善于从习以为常的事物中发现新的契机，并积极主动地去认识和发现新的事物。

即使我们不知道自己与丁磊的差距有多大，也要知道，成功与失败之间、幸福与不幸之间，往往只有一步之遥。只要你拥有好的思路，幸福将触手可及；若你迂腐不化，成功则遥遥无期。

• 思维破局 •

世界著名的成功学大师拿破仑·希尔在遍访当时美国最成功的500多位富翁之后得到一个结论——思考即财富。

## 善于思考，成功的就是你

人们不是没有好的机会，而是没有好的想法。成大事者善于发现问题，努力寻求解决问题的方法，甚至让问题成为改变自己命运的机遇。

我们在日常生活中经常会看到，有的人头脑灵活、机敏、迅捷；有的人则比较僵化、呆板、迟钝；有的人思维活跃，新点子、新念头源源不断，一生中作出了许多创造发明；有的人则一生默默无闻，只会按常规想问题，做事情。这反映出不同的人在思维能力上的差别。

拿破仑·希尔说："思考能够拯救一个人的命运。"事实正是如此，有思考力的人才会有创造力，才能主动掌控自己的命运。平庸的人往往不是不努力，而是不动脑子，这种坏习惯制约了他们走向成功的可能；相反，那些最终能成大事者都养成了勤于思考的好习惯。

1986年，日本一个18岁的少年继承了父亲的制面事业。他的父亲病重无法工作，少年开始独立维持生计——养活6个弟弟，3个妹妹及双亲。他不但制面，还要负责卖面。20岁时他爱上了一个女孩，但女孩的父亲不愿意女儿嫁给一个制面的少年。于是，他改行从事珍珠买卖，并不断追求新的专业知识。一位大学教授告诉他一项未经证实的理论："珍珠的形成，是异物进入珍珠贝，例如砂粒，珍珠贝才会分泌珍珠的成分，将异物包裹起来，形成珍珠。"少年听了大喜过望。他想："如果我将异物植入珍珠贝体内，会不会有人工饲养的珍珠产出来呢？"经过无数次实验，他最终成功了。他的人工养珠事业，使他成为日本知名的大企业家。

要改变命运，先改变思维方式。人们不是没有好的机会，而是没有好的想法。思维影响和决定着人们的精神和素质。在相同的客观条件下，由于人的思维不同，主观能动性的发挥就不同，各种行为也就不同。有的人因为具备先进的思维方式，虽然一穷二白，却能白手起家，出人头地；有的人即使坐拥金山，但由于思维落后，导致家道中落，最后穷困潦倒。

一个人能否成功，在很大程度上，就看他的思维方法是否正确。在人类的发展史上，留下了许多成功者充满睿智和创新思维的故事，对此进行认真体会与品味，对于开启我们的智力、训练我们的思维具有极其重要的意义。

田中正一住在日本东京的一条小巷里。他没有职业，穷困潦倒，可他整天将自己关在家里，研制一种“铁酸盐磁铁”，邻居们都认为他是一个怪人。当时他的确是患了病，是一种名叫神经痛的毛病，他到很多家医院看过，却怎么也治不好。由于他正在研制“铁酸盐磁铁”，所以每星期四他都要带着许多研制好的磁石，到大井都工业试验所去测试。时间一长，他发现了一个奇怪的现象：每逢星期四，他的神经痛就得到了缓解。

田中正一是一个探究心很强的人，他为此感到十分好奇，于是就找来一条橡皮膏，在上面均匀地粘上5粒小磁石，然后把粘着小磁石的橡皮膏贴在自己的手腕上。很快，他发现小磁石对治疗神经痛很有效果，于是就立即申请了专利。田中正一认为：将磁石的南、北极交错排列，让磁力线作用于人体，由于人体内有纵横交错的血管，当血液流过磁场时，就会感生出微电流，这种电流有治病强身的效果。

获得专利权后，田中正一制造出四周镶有6粒小磁石的磁疗带，推向市场。这种新产品上市后，果然一炮打响，在日本出现了人人争购的现象。在销售最好的时候，仅一周，销售额就达两亿日元。就这样，转眼之间，田中正一从一个穷困潦倒的穷人变成了大富翁！

思考是导航的路标，指引人类走向智慧的彼岸，也指引人类向更先进、更美好的世界进发。思考使我们提高了生命的质量、升华了生命的意义。诺贝尔奖获得者、英国物理学家约瑟夫·汤姆逊和欧内斯特·卢瑟福一共培养出了18位诺贝尔奖获得者，这些天才们无一例外地深刻领悟到思考改变了自己的人生轨迹，为自己赢得了辉煌的人生。

## • 思维破局 •

很多人穷其一生都在受苦受累，究其原因，很重要的一点便是没有发挥大脑的巨大潜能，让头脑在庸庸碌碌中变得越来越迟钝。因为缺少思考，学业上无法上进；因为缺少思考，事业上屡战屡败；因为缺少思考，心态上更容易陷入消极的不良境地，无法自拔。思维方式在很大程度上决定着一个人的行为，决定着一个人学习、工作和处世的态度。可以说，思维方式决定着一个人的前途和命运。

## 思想有力量，行动才有方向

思想是行动的先导，你拥有怎样的思维方式，就会采取怎样的行动，这也就决定了你的命运之路。

你现在怎么想往往会决定你将来怎么做。而不同的做法决定不同的收获和不同的结局。就人类的整体智慧水平而言，人们的想法又常常具有趋同性——同一个年龄段的人，因其社会背景和所接受的教育相同或相似，其看问题的角度及其想法，也大体相同或相似。而很多成功者恰恰是从这相同或相似的想法中跳了出来，产生了不同寻常的想法，如果这个想法是高明的、有益的和有效的，那么，这个想法就极有可能成为这个人走向成功的敲门砖。思考力可以支撑起一个人的人生，用积极的思考去指引积极的行动，那么你的生命将精彩而丰富。

有一天，索尼公司的创始人盛田昭夫外出散步，看到好朋友井深大提着笨重的录音机，耳朵上套着耳机，也在那里散步。盛田昭夫感到奇怪，就问道："你这是怎么回事？"井深大回答说："我喜欢听音乐，可又不愿意影响别人，所以只好戴上耳机。一边散步一边听音乐，这是一件十分美好的事。"

老朋友的一句话，触动了盛田昭夫：何不生产一种可以随身携带的听音乐的机器呢？新产品“随身听”的构想就由此萌芽。根据盛田昭夫的设想，技术力量十分雄厚的索尼公司立即进行了微型录音机零件的研制工作。没过多久，世界上最小的录音机就问世了。

这种新型录音机刚投放市场时，销售部门和销售商担心地说：“这种必须使用录音带的机子，却没有录音的功能，有几个人会买它呢？”盛田昭夫坚定地反驳说：“汽车音响也没有录音的功能，可是几乎每辆车都需要它。因为它贴近和满足了人们的需要。” 第一批“随身听”一上市就风靡世界，赶时髦的青年们争相购买，销售量达到了150万台。

思考力具有强大的力量，它既没有现成的答案可以抄袭，也没有既定的程序可以跟从，正因如此，它才能为人们指引出一条又一条全新的成功之道。可以说，任何一个有意义的构想和计划都是出自思考。思想有力量，你的行动才会更有力量。

从实际出发，在实践中思考，在思考中实践，思考得越深，实践得越好。实践是一种磨砺，思考同样是一种磨砺，而且是一种更深层次的磨砺。每个人都有思考的机会，当你试着改变自己的思维，朝着成功的方向努力时，一切奇迹都有可能出现。

将一半时间用于思考，一半时间用于行动，无疑会走向成功之路。不懂得运用思考这一“才能的钻机”的人，是难以挖掘出丰富的智慧矿藏的；不善于思考的人，就不能举一反三，触类旁通，享受到创新的乐趣。赢得一切，拥抱成功的关键，就在于你能不能积极地思考，持续地思考，科学地思考。

## • 思维破局 •

爱因斯坦狭义相对论的建立共历经了10年的沉思，他说：“学习知识要善于思考、思考、再思考，我就是靠这个学习方法成为科学家的。”思想是行动的先导，只有思想有了着落，行动才会有动力和方向。让我们记住巴尔扎克的话：“一个能思考的人，才真正是一个力量强大的人！”

# 第10章

# 变通思维，以变化自己为途径通向成功

## 如果旧路不通，那就走出一条新的道路

做任何事情不可能总是一帆风顺。当一条路已经走不通时，就应该积极思考、大胆开拓新的道路，这将会给你带来意想不到的成功与收获。一个人想在事业上取得一定的成就，光靠一些老想法、老套路是很难成功的。当你站在一条已经有无数人走过的路上，遥望着难以企及的成功目标时，你应该早点觉悟，转变想法去寻找另一条更近、更省力的新路，而不要固执地在这条困难重重的老路上浪费时间。

当我们陷入生活和事业的困境中找不到出路时，最容易产生困惑和茫然的感觉。这时，我们应该想尽一切办法使自己的情绪安定下来，并保持头脑清醒，这样我们才会重新认识和分析自己周围的环境，丢开思想包袱，大胆革新，开辟一条新路。

惠尔特和普克特大学毕业后，四处找工作。但因为机遇不佳，他们换了许多工作，都觉得不适合自己。实在没有办法，他们两个人经过一番思想斗争后，共同辞去了工作，奔走

于纽约的大街小巷，想找到适合自己长远发展的公司。但是这一次，他们更加绝望了，因为当时的美国正处在经济大萧条时期，许多公司都在裁员，那些有利于他们长远发展的公司也已经人满为患，又岂能再容他们进去。

生活陷入了低谷，他们两个人经过一番慎重的思考，决心抛开过往，合伙开创自己的事业。他们在加州租了房子，开始着手发明一些小电器，希望通过出售自己的专利技术，奠定自己事业的基础。整整一年过去，他们毫无生活来源，所发明的产品也卖不出去。他们再次陷入迷茫，还要坚持吗？看着工作间到处堆放的发明，两人决定出门透透气。当走到一家商店的橱窗前，看着刚上市不久的新产品，两人一下子想到了自己发明的改进方向。第二年，他们经过不断地努力，又研制出了一种产品，终于被一家公司看中，买走了专利权。就这样，他们两个人挖空心思，苦心研制，并试验推销，终于为自己开辟出了一条新的道路。后来，他们的公司成为有关电子元件和电子检测仪器的供应商，这就是今天著名的惠普公司。

在工作中，我们不可能总是一帆风顺，不可能做任何事情都能获得成功。当一条路已经走不通时，如果还继续坚持，那就是走入了死胡同。此时，如果你能像惠尔特和普克特一样积极思考、大胆变通，就会找到一个新的突破口，迎来柳暗花明。

变通思维关键是要学会变，路走不通时要变，路不好走的时候也要变。变则通，通则赢。变，这肯定是无疑的了，但是从哪些方面进行变呢？形式、内容、方法、概念等都可以变，因人而变、因事而变、因时而变、因地而变。正如世界著名科学家、诺贝尔经济学奖得主诺斯所说："生活就应该有很多选择，你可以这样选，也可以那样选。如果这条路走不通，那么就走另一条。"

日本尼西奇公司是日本著名的生产塑料制品的企业。长期以来，大量生产雨衣、旅游帽、卫生带、尿垫等产品。但因产品分散，既未降低单种商品的成本，也未在市场中形成品牌效应。有一段时间，由于订货不足，产品销售停滞，导致公司的经济效益下滑，企业陷入了困境。为此，公司的董事长多川博千方百计地寻找搞活企业的方法。一个偶然的机会，他看到了一份全国人口的普查报告，报告中说日本每年大约出生250万名婴儿。于是他想：如果每个婴儿用两条尿垫，一年就需要500万条，这是一个非常有潜力的市场。如果把市场推到国际上，经济效益就更加乐观了。

经过权衡利弊，多川博决定放弃其他产品的生产与销售，专门生产尿垫。刚开始，他的这一举措引起了不少人的非议，但他始终坚持自己的决定，于是生产尿垫的工程开始全面展开。尼西奇公司由于大力发展尿垫和尿布这种新产品，没多久便降低成本并形成自身的品牌效应在全国建立了很多营业场所，并与数以千计的批发零售商建立了供销关系，很快便垄断了日本的尿垫市场。接着，他又把目光投向了国际市场，很快，尿垫产品远销欧洲、美洲、大洋洲，年销售额达70亿日元。今天，尼西奇公司已然是世界上最大的尿垫公司。

很多人在思考问题时，往往会一条路走到底，不知道变通，不知道改变方向，因此碰到一些困难问题就很难找到解决的办法。在思考问题时，当一条路走不通或者付出的机会成本太大时，不妨改变一下思路，从原有的思维框架中跳出来，进入一个新的思维框架中去思考。

• 思维破局 •

诺贝尔奖得主莱纳斯·波林说："一个好的研究者知道应该发挥哪些构想，而哪些构想应该丢弃，否则，会浪费很多时间在差劲的构想上。"无论何时，都不要以一成不变的眼光看待问题，当走到了末路之时，就要学会拐弯，寻找其他的路。

## 立足问题，转变思维、角度和方法

要想在人生和事业上有所突破，就必须学会突破已有的知识和经验，只有这样，才能转换思维和改变想法，从而实现人生和事业的突破。

世事总是“横看成岭侧成峰，远近高低各不同”。同一件事，同一个问题，从不同的角度去看，就会有不同的感觉和不同的想法。生活就是这样奇妙，所以，若想让自己经常拥有新的想法，就必须明确问题的矛盾点，不断变换看问题的角度，而且越是新的角度，越能产生新的想法，越能使你接近成功。

圆珠笔刚问世时，笔芯较长，装的笔墨多，写到20万字左右，笔尖上的滚珠会自行脱落，流出笔油。又黑又黏的笔油弄脏了人们的衣服和纸张，因此，谁也不愿意使用圆珠笔。没有人再买圆珠笔了，制造圆珠笔的工厂面临倒闭。许多国家的圆珠笔生产厂家都投入了大量的人力、物力对其进行研究。但这些研究的思路不是从延长滚珠的磨损寿命着手，就是考虑如何提高油的质量，但总无法解决滚珠脱落造成的漏油问题。在众多专家一筹莫展之际，一个日本的年轻人却另辟蹊径，想出了一个绝妙的办法，轻而易举地解决了这个技术难题。这个日本青年想出的办法是：既然圆珠笔写到20万字就要漏油，那干脆让它写到十八九万字时就正好用完。原来令人大伤脑筋的漏油问题，就这样被轻易地解决了。从此，圆珠笔畅销全世界。

消费者嫌弃圆珠笔的原因很明确，就是滚珠脱落造成的漏油问题，众多设计师沿用圆珠笔发明过程中的改进思路，努力提高油墨质量及延长滚珠寿命，却不得其法。看来，既有的知识和经验有时会成为进步和创新的羁绊。所以，一个人要想在人生和事业上有所突破，就必须学会突破已有的知识和经验，只有不被原来的知识和经验钳制住，才能转换思维和改变想法，没有这些转换和改变，新想法就不会诞生，人生和事业也不会实现突破性的成功。

当思考某个问题遇到难以解决的困难时，可以采用逆向变通法，即不从正面直接着手，而是另辟蹊径，从侧面寻找突破口，这样往往能化难为易，变被动为主动。在处理事情的过程中，没有绝对解决不了的难题。有的人之所以陷入僵局，只是因为按部就班，没有转变思维。

• 思维破局 •

在这个世界上，从来没有绝对的失败，有时只需稍微调整一下思路，转变一下视角，失败就有可能向成功转化。对于敢想、会想的人来说，这个世界上不存在困难，只存在着暂时还没想到的方法，然而方法终究是会想出来的。所以，会转换想法的人必定会成功。

## 让思维转个弯，前方的路大不相同

成功的机会无处不在，只是它更青睐于善于思考，善于变通的人。许多成功人士一生不败，关键就在于他们精通变通之道，进退之时，俯仰之间，都超人一等。现实生活中，有很多人就像在磨道里拉磨一样，永无休止地在这个环形道上走着，走完一圈再走下一圈，无休止地重复、无休止地转圈儿，直到生命的最后一刻。可想而知，这样的人终其一生也不会有什么大的成就，因为他们不知道成功其实就在拐弯处。只要将自己的思维转个弯，前方的路就大不相同。

在现实生活中，善于思考问题、善于改变思路的人，总能在困境中寻找到解决问题的方法，在成功无望的时候创造出奇迹。 变通思维方法的主要特征是：新的思路与原有的思路基本上没有什么联系，是一种另起炉灶、转换角度而形成的新思路。一般来说，变通思维用好了，就会起到一种“山重水复疑无路，柳暗花明又一村”的奇妙作用。

在一次欧洲篮球锦标赛上，A队与B队相遇。当比赛剩下8秒时，A队以2分优势领先，一般说来已稳操胜券。但是，这次锦标赛采用的是循环制，A队必须赢球超过5分才能取胜，现有的2分优势实则意味着A队即将无缘决赛。可是用仅剩下的8秒再赢3分，谈何容易。这时，A队的教练突然请求暂停。许多人对此举付之一笑，认为A队大势已去，被淘汰是不可避免的，教练即使有回天之力，也很难力挽狂澜。 暂停结束后，比赛继续进行。

这时，球场上出现了令众人意想不到的事情，只见A队队员突然运球向自家篮下跑去，并迅速起跳投篮，球应声入筐。这时，全场观众目瞪口呆，全场比赛时间到。但是，当裁判宣布双方打成平局（A队被罚2分）需要加时赛时，大家才恍然大悟。A队这一出人意料之举，为自己创造了一次起死回生的机会。加时赛的结果是，A队赢得了6分，如愿以偿地出线了。

想要球队获胜，一般人的想法是多得分，但A队面临的境况是无法在8秒内得3分。于是，教练将思路转向如何延长8秒为本队创造生机。你看，思路一变方法来，想不到就没办法，想到了又非常简单，人的思维就是这样奇妙。对于非常强大的敌人或障碍，如果我们没有十足的条件和充足的力量去打垮它，而一味地直线前进，盲目蛮干，轻则会徒劳无功，重则头破血流，丢盔卸甲，遭致惨败。实现自我，我们应该多一点儿韧性，能够在必要的时候弯一弯，转一转，因为太坚硬容易折断。

## • 思维破局 •

一个人所处的环境可能会对个人的发展和进步产生很大的影响，但这种影响不是决定性的，思路才是左右行为的根本。人的出生和性别是没法改变的，我们能做的，只能是改变别人对我们的看法，用自己的思想和行动，对自己的生活担负起全部的责任，所以一定要记住：改变不了环境，就应该改变自己，使自己适应环境；改变不了过去，就应该改变现在和未来。变通会给我们带来无穷的财富和无上的尊重。

## 拒绝蛮干，灵活变通

做事时，要注重寻找巧妙灵活的思路解决难题，只有这样，才最容易找到走向成功的捷径。人们常说：一件事情需要三分的苦干加七分的巧干才能完美解决。意思是行事时要注重寻找解决问题的思路，用巧妙灵活的思路解决难题，胜于一味地蛮干。一个人做事，若只知下苦功夫，则易走入死路，若只知用巧，则难免缺乏根基，唯有三分苦干加上七分巧干才能达到自己的目标。

历史上，无数新发明、新创造便是如此诞生的。做任何事情，都要将“苦”与“巧”巧妙结合。“苦”在卖力，“巧”在灵活地寻找思路，只有这样，才能找到走向成功的捷径。

当亨利·福特还是少年时，就发明了一种不必下车就能关上车门的装置。当他成为闻名于世的汽车制造商时，他仍在继续巧干。他在汽车生产线上安装了一条运输带，从而减少了工人取零件的麻烦。在此问题解决后，他又发现装配线位置有些低，工人不得不弯腰去工作，这对身体健康有极大的危害，所以他坚持把生产线提高了8英寸。这虽然只是一个简单的提高，却在很大程度上减轻了工人的工作量，提高了生产力。

工作努力是好事情，但是光努力是不够的，还要多动脑、多思考，这样才能做出好成绩。要善于观察、学习和总结，仅仅靠一味地苦干，只埋头拉车而不抬头看路，结果常常是原地踏步。做事过程中我们一定要学会思考，过去一直遵循的行事方式很可能不再是指引未来行动的金科玉律，再也没有什么方法比努力思考、多提问题更好的了。

有一位美国青年，在一家石油公司找到了工作。他学历不高，也没有什么技术，做的工作小孩儿都能胜任，就是查看生产线上石油罐的盖子是否自动焊接封好。装满石油的桶罐通过传送带输送至旋转台上，焊接剂从上方自动滴下，沿着盖子滴转一圈，作业就算结束，油罐下线入库。他的任务就是注视这道工序，从清晨到黄昏，过目几百个石油罐，每天如此。没几天，这单调的工作便令他厌烦透了，他很想改行，却又找不到别的工作。他非常无奈，只能继续这份工作。经过反复观察，他发现罐子旋转一周，焊接剂共滴落39滴，焊接工作即告结束。他思考着，眼前这简单至极的工作中，是否有什么可以改进的地方。

有一天，他突然想到：如果能把焊接剂减少一两滴，是不是会节省生产成本呢？于是，他说干就干，一番试验之后，他研制出37滴型焊接机，但是该机焊出来的石油罐偶尔会漏油，质量缺乏保障。对此，他并没有灰心，经过钻研，又研制出38滴型焊接机，这次公司非常满意。不久便生产出这种机器，采用了他的焊接方式。新机器节省的虽然只是一滴焊接剂，却为公司每年节省了5亿美元的开支。这位青年，就是后来成为美国工业界第一代亿万富豪的石油大王洛克菲勒。

焊接机的改良也改变了洛克菲勒的人生。因为善于发现、思考和解决问题，这位平凡的美国青年在最平凡的工作中做出了最不平凡的突破，为自己的人生打开了成功之门。

其实人与人之间，谁比谁聪明、谁比谁幸运并不是最大的差距，最大的差距在于谁思考更深入，变通更及时。因此，我们在生活中要勤于思考，善于变通，对于一些别人解决不了的问题，我们可以换个思路去解决；对于别人想不到的事情，我们要努力想到并实现。会思考、会变通的人是永远不会被困难阻挡的，即使前面荆棘丛生，他们也能披荆斩棘，勇往直前。

## • 思维破局 •

人的发展永远都离不开机会，要想创造机会、把握机会，那么我们就必须开动脑筋，变通思维，否则我们就有可能被时代淘汰。任何事情都是处于变化之中的，往往一件事情的发展总是在你的意料之外，而一个思想僵化、保守的人显然是难以应对的。养成灵活变通的习惯，这是一个人能否取得成功的关键。

## 迂回变通，才是取胜之道

一般情况下，“直接式”处理问题，能快捷、及时地把问题搞定。对于那些非常困难的问题，采用转个大弯子的迂回策略，也是彻底解决矛盾的明智之举。迂回思维是指我们在遇到难以逾越的障碍时，用直接的方法无法解决，就必须采取迂回的方法，设法避开障碍，取得成功。事物发展有直也有曲，有进也有退，我们必须学会适应事物的发展规律，当我们在思考问题遇到障碍时，想要直接取胜已不可能时，就要迂回前进，设法避开障碍。

一马平川的坦途是人们所希望和企求的。然而世上哪有那么多省时又省力的阳关大道任我们驰骋？在遇到暂时无法逾越的障碍时，我们要巧妙地选择走“之”字形，在换方向前，松口气，等力气恢复后再往前走，是非常明智之举。

图德拉首先来到阿根廷，了解到那里牛肉生产过剩，但石油制品比较短缺，于是，他就同有关贸易公司洽谈业务。“我愿意购买2000万美元的牛肉。”图德拉说，“条件是你们向我购进2000万美元的丁烷。”因为图德拉知道阿根廷正需要丁烷，所以投其所好，双方的买卖意向很顺利地确定了下来。

他接着又来到西班牙，对一个造船厂提出：“我愿意向贵厂订购一艘2000万美元的超级油轮。”那家造船厂正为没有人订货而发愁，当然非常欢迎。图德拉又话锋一转，“条件是你们要购买我2000万美元的阿根廷牛肉。”牛肉是西班牙居民的日常消费品，况且阿根廷正是世界各地牛肉的主要供应基地，造船厂何乐而不为呢？于是双方签订了买卖意向书。

图德拉又到中东地区找到一家石油公司，提出：“我愿意购买2000万美元的丁烷。”图德拉又话锋一转，“条件是你们的石油必须包租我在西班牙建造的超级油轮运输。”在石油原产地，石油价格是比较低廉的，贵就贵在运输费上，难就难在找不到运输工具，所以石油公司也满口答应了，彼此又签订了一份意向书。

三个意向书变成了一个行动，由于图德拉的周旋，阿根廷、西班牙和中东都取得了自己需要的东西，又出售了自己待售的产品，图德拉也从中获取了巨额利润。

变换一下思路，不去向强敌直接挑战，不去触动和攻击障碍本身，而选择避实就虚，避重就轻的迂回方式，先去解决与它发生密切联系的其他因素，最后使它不攻自破或不堪一击，这样令“樯橹灰飞烟灭”，比起硬碰硬的真打实敲，岂不更加得意？正所谓商场如战场，这个时候直接去进攻往往是最行不通的。拿破仑曾说过：“只要有迂回，在战场上就一定会胜利。”

思维破局

想解决问题，就不能“在牛角上钻洞”，而要学会迂回和放弃。常规性的措施不起作用时，选择借助其他方法，迂回曲折地走一下弯路，就能巧妙地解决问题。当遭遇难题时，不要一味地去撞墙，而要学会在合适的地方打开一扇门。

## 触类旁通，敢于突破事物表面的联系

想要跨越生命中的障碍，就需要有打破常规的勇气。生命中总是充满着无数的未知，学会变通是跨越生命障碍走向成熟的重要一步。思维的变通又称灵活性，是指思路开阔，善于根据时间、地点、条件等变化，迅速灵活地从一个思路跳到另一个思路，从一种意境进入另一种意境，多角度、多方位地探索、解决问题。

他山之石，可以攻玉。触类旁通往往需要思维主体具有更深刻的洞察能力，能把表面上看起来完全不相干的两件事情联系起来，进行内在功能或机制上的类比分析。

第二次世界大战末期，盟军的最高决策层作出横渡英吉利海峡在法国登陆的决定后，从三个可供选择的登陆地点中，选中了比较理想的诺曼底。但是碰到了一个大难题，诺曼底没有大型码头，大型运输舰无法停靠。要是停在海上，然后用登陆艇进攻，那么，重型武器上不了岸，登陆艇就容易被德军击毁。想要迅速兴建一个大型码头，这谈何容易，根据经验，即使尽量抓紧时间，没有三年五载是不行的。各方面的有关人员纷纷提出了不少可以进一步缩短工期的建议，但也至少要一两年时间。此事迟迟没有进展，成了诺曼底登陆这一战略计划付诸实施的瓶颈。

后来，美国的巴顿将军提出一个令人大为惊诧的新设想：像用预制件建造房屋那样，用预制件建造大型码头。到需要用的时候，只要将准备好的预制件运抵诺曼底，很快就能装配出几个大型码头来。它的主要构件是用混凝土建造的大船，由一些很重的首尾相连的“箱子”组成，当它沉入海底后，可以经受得住风浪的冲击。在发起进攻前，用潜艇将各种预制件运到登陆地点，先完成水下部分的建造，登陆时再完成水上部分。

采用这样的办法，盟军在很短的时间内就建造出了十余英里长的大型码头，可供几十万人的机械化部队登陆使用。万万没想到盟军会从诺曼底登陆的德国军队，在这次战役中被打得措手不及、晕头转向。诺曼底登陆的成功，使它作为辉煌的战役被载入了世界军事史册。

巴顿将军从建造房屋联系到建造码头，将两项本不相同的建筑方法作了借鉴，解决了一直受困扰的码头建造时间过长问题，实现了兵贵神速的奇效，将对手打得措手不及。可见，变通能够让我们的思维灵活起来，从而可以触类旁通，不局限于某一方向，不受消极思维定式的影响，从多方面选择和考虑问题。同时，变通力又是创造力中求异思维的较高级层次，它使我们的思维沿着不同的方向扩散，表现出极其丰富的多样性，使人产生超常的构思，提出不同凡响的新思想、新观点。

创造性思维的一个表现，就是敢于打破常规，进行变通思维。人的每一种行为，每一次进步，都与自己的变通思维能力息息相关，离开了变通思维，很多事情都难以办成。

## • 思维破局 •

人活一世，生存环境不断变迁，各种事情接踵而来，因循守旧是无论如何都行不通的。生活中有一些人总是失败，就是因为他们过于墨守成规，从而把自己创新的道路堵死了，导致自己寸步难行。其实一些旧想法、旧规矩都是可以打破的，只要我们做事灵活变通而不失原则，就能符合时代的变迁和社会的发展。

## 主动求变，在进取中求赢

信息爆炸是我们这个时代最为显著的标志，整个社会在飞速发展，市场瞬息万变，今天还很红火的企业，可能明天就会血本无归，破产歇业；今天还大受欢迎的朝阳产业，可能明天就会变成夕阳产业。无论我们是害怕变化还是喜欢变化，变化时时刻刻都在进行着。有句话说得好：世界上唯一不变的就是变。坦白地说，只有变化才能有出路，变则通，通则达。变通是应对市场风云的绝佳办法。随着社会的发展，很多事物都在发展、变化。如果你能够随着时代的发展，寻找多条通往成功的道路，你就会永远立于不败之地。

变通是一门艺术，也是一门学问。很多人之所以一辈子都碌碌无为，那是因为他们从不曾认真地体味、揣摩成功人士成功的原因，永远都弄不明白变通对人生的作用。想想我们所面对的人生，其实就是随着外部环境的变异而不断地观察、调整，并及时地做出反应。每一次患失并不意味着失去，在它的背后或许潜藏着我们暂时看不到的机会，如果你善于变通，它就有可能成为人生的转机。因此，当你处于人生转折点时，一定要重新审视人生，审视自己，对自己有了正确、清晰的认识后，只要你灵活变通，就会作出更有利于今后发展的选择。通过变通为自己的人生画上灿烂的一笔。

日本“日清食品”的创办人吴百福是一位商场应变的高手。1934年，吴百福从日本东京都立大学毕业后，留在日本谋生。就业不顺的他开始思考，在日本谋生是较为艰辛的，连找份普通工作也充满了竞争，做生意更是竞争激烈，加上自己又没有资本，从正面与别人竞争，必定没有优势。吴百福经过一番酝酿后，决定以应变的策略开创自己的事业。面食是中国的传统食品，不但中国人喜欢吃，日本人也十分喜欢。但是，在日本各城市的唐人街里，到处都有面食店，如果经营传统的中国面食，肯定没有出路。最后他认为，可以中国传统面食为基础，研制出一种“人无我有”的面食，改变人们的饮食习惯，那才有前途。

吴百福反复研究，考虑到日本人生活节奏快，中国的传统面食需要一定的时间煮熟才能食用，这与他们的需求有点相悖。如果研制出一种不需要煮，只用水泡一下就可以吃，并保持美味可口特点的面食，必定会受到人们的欢迎。根据这一设想，几经试制，他最终研究出一种鸡汁速食面（后改名为“日清食品”），经试销后，大受顾客青睐。于是他立即筹措资金，进行工业化大规模生产，迅速地走上了成功之路。

1966年，凡事走在人前的吴百福再次主动求变，将“日清食品”改成杯碗形式包装，更方便了顾客食用，其销售量也大增，风靡全日本。20世纪70年代，他在美国生产这种速食面，之后又陆续在新加坡、德国等地设厂生产，现在，他的速食面已经畅销全球上百个国家和地区。

对各种突如其来的情况早做准备，才能在变动中把握局势发展的大方向，才能争取战略上的主动和优势。企业经营者在经营决策时，应充分考虑到意外情况，早做准备，多留一手，以应不测，这样才能在激烈的竞争中做到有备无患。大商人的主要品质之一是灵活变通，作为一名商人，必须有足够灵活的机动性，使决策适应形势。有些商人一开始就采用以往的经验，然后对眼前形势加以分析，使形势服从经验，这样就不能作出适应形势的正确决策。在商业经营中，掘得巨金的绝招之一就是不停地根据形势的变化而灵活变通。

《孙子兵法》云：“故善出奇者，无穷如天地，不竭如江河。”意思是说，大凡打仗，一般都不要正面对抗强敌，要善于出奇制胜，战术要像天地江河那样无穷无尽，变化多端。打仗如此，做生意亦如此，经营人生更是如此。做事贵在随机应变，变通是应对困境的绝佳办法。物质和知识的贫穷不是最可怕的，可怕的是想象力和创造力的贫乏。

## • 思维破局 •

所谓“变或可存，不变则削”“水随形而方圆，人随势而变通”。世间万事万物无不处在变化之中，只要你能随机应变，因势利导，就能一路畅通无阻地寻得柳暗花明。

# 参考文献

[1] 日比野省三，斐元绫香. 思维定式的“病”[M]. 张哲，译. 北京：中国人民大学出版社，2012.

[2] 约翰松. 思维不设限[M]. 刘昭远，译，上海：东方出版中心，2020.

[3] 陈劲，赵炎，邵云飞, 等. 创新思维[M]. 北京：清华大学出版社，2021.

[4] 梦华. 思路决定出路[M]. 长春：吉林文史出版社，2017.